# 化粧品・医薬部外品
# 安全性評価試験法
―動物実験代替法のすべてがわかる―

著 小島 肇夫

じほう

# 序

　このたび，COSME TECH JAPAN（じほう発行）に2年以上にわたって掲載された技術講座「化粧品の安全性試験」をまとめさせていただく機会をいただいた。本書では主に安全性評価の昨今のあり方や動物実験代替法（以下，代替法と記す）に関する総論からはじめ，医薬部外品の申請ガイドブックや日本化粧品工業連合会の安全性自主基準をもとに，試験法を選抜し，それらの留意点をまとめた。

　まずお断りしておきたいことは，以下の定義に示すように代替法とは，3Rs原則を実現する試験法を指し，決して動物を用いない試験法（*in vitro*試験）を指すのではない。また，代替法とは新しい分野の毒性試験の確立を指すのではなく，既存試験法をいかに3Rs原則に配慮して変えるかを意識したものである。小麦加水分解物やロドデノール問題もあり，新しいヒトバイオマーカーの必要性が増す昨今，個人的には，毒性学とレギュラトリーサイエンスに携わる者として，現状では動物を用いない安全性評価のみではリスクを評価できないと考えている。とはいえ，欧州における化粧品規制が施行されている中，持論を振りかざす余裕はない。いかに国際社会に同調して代替法で安全性を担保するかを考えねばならない時代である。

　このような状況下において動物実験，代替法を偏ることなく選びまとめたつもりである。安全性評価に携わる方々の一助になれば幸いである。

　なお，本書の編集にご尽力いただいた株式会社じほうの橋都なほみ氏にこの場を借りて感謝の意を表す。

言葉の定義

- Alternative test ＝ 代替法
  3Rs原則を実現する試験法
- 3Rs principle ＝ 3Rs原則
  使用動物数を削減すること（reduction），実験動物の苦痛軽減と動物福祉を進めること（refinement），および動物を用いる試験を動物を用いない，あるいは系統発生的下位動物を用いる試験法に置換すること（replacement），という原則。

平成26年6月

国立医薬品食品衛生研究所

小島 肇夫

**略号表**

動物実験の3Rs：Reduction（実験動物の削減），Refinement：（実験動物の苦痛の軽減），
　　　　　　　Replacement（実験動物の置き換え）
　　　　ECVAM：European Center for the Validation of Alternative Methods
　EURL ECVAM：European Union Reference Laboratory for alternatives to animal testing
　　　　　　GD：Guidance Document
　　　　　 GLP：Good Laboratory Practice
　　　　 ICATM：International Cooperation on Alternative Test Methods
　　　 ICCVAM：Interagency Coordinating Committee on the Validation of Alternative Methods）
　　　　　 ICH：International Conference on Harmonisation of Technical Requirements for
　　　　　　　　Registration of Pharmaceuticals for Human Use
　　　　　 ISO：International Organization for Standardization
　　　 JaCVAM：Japanese Center for the Validation of Alternative Methods
　　　KoCVAM：Korean Center for the Validation of Alternative Methods
　　 NICEATM：The National Toxicology Program Interagency Center for the Evaluation of
　　　　　　　 Alternative Toxicological Methods
　　　　　OECD：Organisation for Economic Co-operation and Development
　　　　　　TG：Test Guideline

# 目次

| 総論 1 | 安全性評価の考え方 | 1 |
| 総論 2 | 安全性評価試験法 | 5 |
| 総論 3 | バリデーション | 10 |
| 総論 4 | バリデーションセンター | 16 |
| 総論 5 | 構造活性相関 | 21 |
| 総論 6 | AOPとIATA | 25 |
| 総論 7 | 化粧品・医薬部外品の安全性評価に活用するためのガイダンス | 30 |

| 各論 1 | ウサギを用いる眼刺激性試験 | 33 |
| 各論 2 | 実験動物を用いない眼刺激性評価 | 38 |
| 各論 3 | 実験動物を用いる皮膚一次刺激性試験 | 43 |
| 各論 4 | 実験動物を用いない皮膚一次刺激性評価 | 48 |
| 各論 5 | パッチテスト | 52 |
| 各論 6 | 実験動物を用いる連続皮膚刺激性試験 | 56 |
| 各論 7 | 光毒性試験 | 61 |
| 各論 8 | 皮膚感作性試験-1 LLNA（Local Lymph Node Assay：局所リンパ節試験） | 67 |

| | | | |
|---|---|---|---|
| 各論 | 9 | 皮膚感作性試験-2　モルモットを用いる試験 | 72 |
| 各論 | 10 | 光皮膚感作性試験 | 77 |
| 各論 | 11 | 単回投与毒性試験―経口― | 82 |
| 各論 | 12 | 動物を用いない単回投与毒性試験 | 87 |
| 各論 | 13 | 反復経口投与毒性試験 | 91 |
| 各論 | 14 | 経皮投与毒性試験―単回・反復― | 95 |
| 各論 | 15 | 遺伝毒性試験―組み合わせ― | 99 |
| 各論 | 16 | 遺伝毒性試験―エイムス試験― | 104 |
| 各論 | 17 | 遺伝毒性試験―哺乳類の培養細胞を用いる試験― | 109 |
| 各論 | 18 | 遺伝毒性試験―げっ歯類を用いる小核試験― | 116 |
| 各論 | 19 | 生殖発生毒性試験 | 121 |
| 各論 | 20 | 経皮吸収試験（*in vivo*） | 126 |
| 各論 | 21 | 経皮吸収試験（*in vitro*） | 129 |
| 各論 | 22 | 経皮吸収と安全性評価 | 134 |

索引 ......................................................................................... 139

# 安全性評価の考え方

## はじめに

　昨今，*in vitro* 試験しか経験のない安全性担当者や書類ベースでのみ安全性を評価している研究者が増え始めていると聞いている。企業も分業化が進み，筆者のように企業勤務時代に種々の実験に携わってきた実務者は少なくなってきているようである。そのような方々にもできうる限りの筆者の経験と知識をお伝えしていきたい。

　もう少し，自己紹介させていただくが，国立医薬品食品衛生研究所（国立衛研）では，薬理部新規試験法評価室にて安全性試験の開発と評価を行っている。動物実験代替法のバリデーションと評価を担当するJaCVAM（日本動物実験代替法評価センター）の事務局にいることから，*in vitro* 試験の専門家と見る方もいるが，実は動物実験の経験も長い。筆者は国立衛研に転職するまで，日本メナード化粧品（株）で20年以上，安全性試験，動物実験代替法，変異原性試験および成分の有効性評価に携わってきた。変異原性試験という分野は，微生物から培養細胞，動物実験まで扱うため，幅広い知識を養うために最適な分野である。さらに，化粧品原料の安全性評価に必要な他の試験項目についても，実務を担当させていただいてきた。ヒトパッチはもちろんのこと，ヒト使用試験で皮膚科医と，誤飲誤食対応で内科医とも交流を深める一方，お客様クレームの解析や市販後調査まで経験させていただいた。このような経験をもとに，日本メナード化粧品（株）にはご迷惑をかけない範囲で，企業の若い研究者向けに安全性評価の技術的なポイントやノウハウをなるべく安易に伝えていきたいと考えている。

 ## 1　心構え

　さて，安全性評価に関わる企業研究者にとって一番大切なことは「心構え」と思っている。基礎研究を大学等で実施してきた若手研究者は，まず誰もが企業の壁にぶつかる。企業は基礎研究を行う場ではなく，いかに企業を支え，お金になるかという応用研究を重視するからである。意気揚々と配属されてくる新人が，このミッションを理解して職場に活気を与えることになる。ところが，この中で安全性に配属された新人はだんだん元気がなくなっていくという印象を持っている。これは仕方がない面もある。どの会社においても製品開発は花形である。普段からの待遇もよい。社内の賞にも恵まれやすい。どんなに失敗をしてもヒット商品を担当させていただくことにより，その新人は社内で確

実に足場を築き，自信をつけていく。打率1割を切る打者はプロ野球ではやっていけないが，それがすべてホームランなら企業の有力な戦力である。では，安全性担当者はどうか。1,000の製品の評価を適切に実施してきた研究者が，1つのミスで大きな損害を会社に与えかねない。その確率は0.1％未満であってでも，致命的なミスはミスである。筆者も1つのミスで，会社をつぶす気かと上司にどやされた苦い経験を持つ。1つのミスでそれまでに築いた信用を失うことは痛く，悲しい。同期や後輩が社長賞等を受け，出世し，自信を深めていく姿とは対照的ではある。とはいえ，会社の利益向上を支える彼らに感謝を忘れてはならない。

では，安全性担当者はどこにモチベーションを見出すべきか。会社の利益になるからという視点からの基礎研究を，継続して許可していただける企業は少ない。これは化粧品企業に限ったことではなく，化学品や製薬企業でも同じ状況であり，安全性の業務を長く務めている方々と学会等で集まれば，出世が遅い，開発にどなられた，なかなか研究できない，など景気の悪い話ばかりしていた記憶がある。

しかし，この後向きの発想がいけないのである。前向きに考えること，意識を変えれば態度が変わり，行動も変わるとあの野村克也氏も述べている[1]。安全性評価担当は会社の信頼・信用確保のためにも必須の組織である。現代のように，消費者が過剰サービスを要求する時代，気配りを企業に求める時代においては安全性を担当し，クレームに対応できる部署は欠かせない。"会社の屋台骨を支えている"という自信をもっと持たなければならない。以下の項でも説明するが，安全性評価の論理的な思考は会社の中では欠かせないものである。

技術面でいえば，安全性試験法というものはすべての科学実験の基礎から成り立っている分野である。理論や方法をよく把握し，トレーニングを積み，その方法の改良点を思いつく第一人者になることが大切である。また，ちょっとした発想転換で，試験法の改良や応用につなげやすく，結果を出しやすい部署でもある。安全性試験から発展させて，特許が書けないこともない。また，試験法というものはできた時点から劣化が始まるので，絶えずメンテナンスが必要なナイーブなものであり，これでよいという限界はない。改良・改善は試験法だけでなく，自分をも磨かなければならないのである。

社内にいるとどうしても閉塞感から抜けられないなら社外に出ればいい。学会や同業他社の集まりに出かけて刺激を受け，そこで発表して自分の居場所を見つけるべきである。上司に無理をいってでも出張し，共同研究があれば積極的に参加するべきである。この共同研究の結果として，外部で評価されるとともに，社のレベルアップに貢献したことを何度も経験している。学会等で発表し，論文でも書けるようになればさらに外部で評価され，自信がつくと信じている。

## 2 安全性評価の考え方

　さて，本題の安全性評価の考え方について述べておく。化粧品の安全性はゼロリスクを目指さなければいけない。医薬部外品であろうとも薬用化粧品の場合には，医薬品のように副作用を想定して消費者は使ってくれない。安心して使った物でトラブルを起こすと，危険物を扱う以上に精神的なダメージが大きい。ただし，「世の中にゼロリスクの物質はない，すべての物質は毒物である」と毒性学の父と呼ばれるパラケルススも述べている[2]。人体に必須な水でさえ，飲み過ぎれば下痢になるし，つかり過ぎれば皮膚が腐る。酸素もないと生きられないが，吸い過ぎれば過酸素症で倒れる。そのような極端な例ではないが，化粧品の場合でもこの商品で致死に至らないか，過度の使用で皮膚トラブルが起きないかの想定は必要である。この想定をするために知識や情報を蓄え，経験を積んで適切なケースバイケースの判断ができる研究者とならなければならない。

　そのために，安全性担当者はまず化粧品原料の特性を熟知しなければならない。開発部門に行って処方をよく見て，どの目的でどのような原料が使われているのか，その純度や物性はどうかを知らなければならない。製品のパッケージを見て成分名称と原料商品名をマッチさせなければならない。場合によっては開発担当者よりも化粧品原料を知らなければならない。まず実験ありきではない。防腐剤といわれたら，自社はどの防腐剤が得意で，どの量が最適かを知らなければならない。このような形で市販されている化粧品の処方を覚えるべきである。

　次に，分析チームや保存効力担当者と仲良くなることである。原料には規格が決まっており，重金属や不純物を多く含む原料を受け入れないとか，安定性が悪い，微生物汚染しやすい等の理由で選別するシステムが必ずある。社内になくても，原料会社の分析表をよく読むことである。それにより，その原料はロットブレや規格外になりやすいものか否かが判別できる。

　第三に，過去にどのような原料が皮膚トラブルを起こしたかをインターネットや過去の文献をひも解いて調べたり，先輩諸氏の知識を吸収せねばならない。その点については追々触れていくが，すべての化粧品原料は安全であるとはいえない。ただし，そのリスク評価（使用量や使用方法）でいくらでも調整できるという意識を持つべきである。たとえば，化粧品原料の1つに水酸化カリウム（アルカリ）がある。これを高濃度で使用すれば，皮膚は腐食する。しかし，アルカリの役割はpH調整剤であると知れば，その使用濃度もおのずと決まってきて，安全な範囲で利用できる。1つひとつの化粧品原料の有害性や危険性を把握し，リスクを考慮して使用する。ただし，忘れてはならないことがある。それは，文献や過去のデータがすべて正しいとは限らないことである。ヒトは嘘をつくという性悪説にたって，GLPは発展してきた。そのデータが信頼できるものか，方法の適用限界をもとに，報告書を慎重に読んで理解すべきである。

　最後に，製品の特性，使用方法，使用頻度等を把握し，リスクを評価しなければならない。化粧品という範疇は広い。基礎化粧品から，メイクアップ化粧品，浴用剤などそれぞれの使用状況について過度な使い方まで想定しなければいけない。洗顔剤を使い続ければ，顔が腫れる。本当によく落ちるクレンジング剤は皮膚や眼にトラブルを起こす確率が高くなる。経験をもとにある程度のトラブルを

想定しなければならない。そのために，製品を使用して理解しなければいけないことに加え，アンケートなどの使用試験結果，市場調査結果やお客様相談室のクレームの中から，安全性に関わる項目を，絶えず知る機会を見出すべきである。悪い言い方かもしれないが，その商品を多くの消費者が使用し，問題ないことを立証してくれているものが安全な商品なのである。

　よって，それらを極めると，動物実験や in vitro 試験ありきでなく，無駄な試験数は減らせる。試験法は単なるスクリーニングまたは安全性の確認手段と考えられる。ヒトの試験を始めるまでに多くの時間と労力を費やすこともなくなるかもしれない。もちろん，原料やそのロットによっては，安定性が悪く，その不純物が有害性を示すことがあるので，気を抜いてはいけない。原料メーカーが変わった際に特に注意を払って分析データを読み，過去の経験から有害性が生じる可能性を類推し，適切な試験法の実施を選択すべきである。繰り返すが，安全性評価の基本は，総合的な情報収集能力と経験によるところが大きい。そのアンテナを多数持ち，経験を積んだ研究者こそが安全性の専門家，優れた毒性研究者となれる。だからこそ，安全性担当者の立場が社内でどうこうと悩んでいる暇はない。上記のような例を参考に勉強し，社内外の専門家に会い，自分を磨くことが重要である。

 まとめ

　第1章は，技術講座というよりも心構えや安全性の考え方について言及するに留まった。皆さん知っていることばかりで，ここまで読んでくださらなかったかもしれない。最後まで読んでいただいたことに感謝したい。

●参考文献
1) 野村克也：野村ノート，小学館，東京 (2005)
2) キャサレット＆ドール：トキシコロジー，サイエンティスト社，東京 (2004)

# 総論 2 安全性評価試験法

## はじめに

第2章では，既報を参考にしながら[1~7]試験法について国際比較を通して論じたい。国際比較といっても欧米中心であり，中国や韓国の試験法については本章では触れない。この点について不満をお持ちの方はおられると思うが，これらの国も基本は欧米の試験法を採用していることからご容赦いただきたい。

## 1 各国の制度の違い

制度上，一番の問題点は，化粧品と定義されている製品・商品が日米欧で異なることである。特に，日本では医薬部外品という分類が存在している。薬事法でその作用が定められている製品を指す[3]。近年，その範疇が広がったが，薬用化粧品としては，日焼け止め，美白，口臭もしくは体臭の防止，あせも，ただれ等の防止，脱毛の防止，育毛または除毛，染毛，パーマネント・ウェーブ，にきび，肌荒れ，かぶれ，しもやけ等の防止，皮膚・口腔の殺菌消毒，浴用剤などが医薬部外品としてあげられる。

医薬部外品には表1に示すように，区分が1～3に分類されている。薬用化粧品では，新医薬部外品は区分1であり，添加剤として新規成分配合または増量品は区分3にあたる。ところが，それらの多くは米国ではOTC（Over The Counter：オーバー・ザ・カウンター）薬として扱わなければならない。一方，EUではほとんどが化粧品である。国や地域によってそれぞれの役割が異なることもあり，必要とされる安全性も異なってくる。この同じ製品が異なった分類になるという点が，化粧品というものの定義を複雑にしている。

さらに，欧米では安全性の評価に必要な試験はGLP基準（Good Laboratory Practice：優良試験所基準）に準拠して実施されなければならないが，日本ではGLPは必須ではない。ただし，日本においても医薬部外

表1 医薬部外品の申請区分とその範囲[3]

| 申請区分 | 医薬部外品の範囲 |
|---|---|
| 区分1 | 既承認医薬部外品とその有効成分又は適用方法等が明らかに異なる医薬部外品（新医薬部外品） |
| 区分2 | 既承認医薬部外品の承認内容と同一性が認められる医薬部外品 |
| 区分2-2 | 新指定医薬部外品 |
| 区分2-3 | 新範囲医薬部外品 |
| 区分3 | 区分1及び区分2以外の医薬部外品 添加剤として新規成分配合又は増量等 |

品の申請資料は「十分な設備のある施設において，経験のある研究者により，その時点における医学，薬学等の学問水準に基づき，適正に実施されたものでなければならない」という記載が通知にあり（医薬発第893号，平成11年7月26日）[3]，何らかの信頼性が担保された試験結果であることが望ましい。

## 2 試験法の相違

制度の違いはあるが，化粧品や薬用化粧品の成分および／または製品に絞って公的に求められる安全性項目および各業界の安全性評価の自主的な指針について必要な試験法を列挙してみたい[3〜7]。例えば，新医薬部外品の場合，表2に示すような試験結果が要求される。第1章の繰り返しにもなるが，安全性試験だけで，安全性が判断されるのではなく，物理化学的なものを含む多くの情報を介して，医薬部外品の評価がなされることを確認しておきたい。

各国の試験法については，大きな相違点があるとはいえない（表3）。化粧品という局所に用いる特性を考慮して，局所刺激性（皮膚，眼，光毒性），皮膚感作性，遺伝毒性などの試験項目は同様である。もちろん，項目としては同じでも試験内容が同じとはいえないが，その類似点は多い。あえて，国際的な試験法に関する相違点をあげておく。

### （1）皮膚刺激性

欧米では経済協力開発機構（OECD：Organisation for Economic Co-operation and Development）テストガイドライン404に準拠し[8]，腐食性や強い皮膚刺激性の評価に重点をおいている。日本では，皮膚一次刺激性試験で24時間貼布を求めている。日本のみで採用されている試験として，動物を用いる連続皮膚刺激性試験がある点からも弱い刺激性の評価を求めている傾向にある。

### （2）光毒性

欧州では，光刺激性と光皮膚感作性の評価を明確に区別していない。臨床的にもこれらを区別することは難しいことによる。日本では，試験法が明確に分けられている。紫外部に吸収がなければ省略できる点は世界共通である。

表2　新規医薬部外品（区分1）に求められる添付資料[3]

| | | | |
|---|---|---|---|
| イ | 起源又は発見の経緯及び外国における使用状況等に関する資料 | 1　起源又は発見の経緯　　　　に関する資料<br>2　外国における使用状況　　　〃<br>3　特性及び他の医薬品との比較検討等　〃 | |
| ロ | 物理的化学的性質並びに規格及び試験方法等に関する資料 | 1　構造決定及び物理的化学的性質等　〃<br>2　製造方法　　　　　　　　　〃<br>3　規格及び試験方法　　　　　〃 | |
| ハ | 安定性に関する資料 | 1　長期保存試験　　　　　　　〃<br>2　苛酷試験　　　　　　　　　〃<br>3　加速試験　　　　　　　　　〃 | |
| ニ | 安全性に関する資料 | 1　単回投与毒性　　　　　　　〃<br>2　反復投与毒性　　　　　　　〃<br>3　生殖発生毒性　　　　　　　〃<br>4　抗原性　　　　　　　　　　〃<br>5　変異原性　　　　　　　　　〃<br>6　がん原性　　　　　　　　　〃<br>7　局所刺激性　　　　　　　　〃<br>8　吸収・分布・代謝・排泄　　〃 | |
| ホ | 効能又は効果に関する資料 | 1　効能又は効果を裏付ける基礎試験　〃<br>2　ヒトにおける使用成績　　　〃 | |

表3 規制ごと，各国で指針に記載されている試験法

| 日本 | | | | 米国 | 欧州 | |
|---|---|---|---|---|---|---|
| 【新医薬部外品】薬審1第24号医薬審発第325号区分1[3] | 【医薬部外品】区分3[3] | 【ポジティブリスト収載要領】薬審1第24号医薬審発第325号[3] | 【化粧品】JCIA：安全性評価指針(2008)[4] | 【化粧品】CTFA：安全性評価ガイドライン(2007)[5] | 【化粧品】COLIPA：ドシエ作成ガイドライン(2008)[6] | 【化粧品】SCCP：安全性評価ガイダンス(2006)[7] |
| 単回投与毒性 | 単回投与毒性 | 単回投与毒性 | 単回投与毒性 | — | 単回投与毒性 | 単回投与毒性 |
| 反復投与毒性 | — | 反復投与毒性 | — | 反復投与毒性 経皮，経口，吸入 | 反復投与毒性 | 反復投与毒性 |
| 生殖発生毒性 | — | 生殖発生毒性 | — | 生殖発生毒性 | 生殖発生毒性，がん原性，追加の遺伝毒性 | 生殖発生毒性 |
| 局所刺激性 皮膚一次刺激性，連続皮膚刺激性，眼刺激性，光毒性 | 皮膚一次刺激性 | 皮膚一次刺激性 | 皮膚刺激性 | 皮膚一次刺激性（ヒトパッチ，ヒト累積刺激性） | 皮膚刺激性 | 一次刺激性および皮膚腐食性 1) 皮膚 |
| | 連続皮膚刺激性 | 連続皮膚刺激性 | 皮膚一次刺激性，連続刺激性，光毒性，ヒトパッチ | 光刺激性および光感作性 | 光毒性 | 光誘発毒性 1) 光毒性，光感作性 2) 光遺伝毒性，光発がん性 |
| | 光毒性 | 光毒性 | | | | |
| | 眼刺激性 | 眼刺激性 | 眼刺激性 | 眼刺激性 粘膜刺激性 | 粘膜（眼）刺激性 | 一次刺激性および皮膚腐食性 2) 粘膜（眼） |
| 抗原性 皮膚感作性，光感作性 | 皮膚感作性 | 皮膚感作性 | 皮膚感作性 皮膚感作性，光感作性 | 皮膚感作性 | 皮膚感作性 | 皮膚感作性 |
| | 光感作性 | 光感作性 | | 光感作性 | 光感作性 | 光感作性 |
| 変異原性 | 遺伝毒性 | 遺伝毒性 | 遺伝毒性 | 遺伝毒性 | 変異原性 | 変異原性，遺伝毒性 |
| — | — | — | — | 経皮吸収 | 経皮吸収 | 経皮吸収 |
| がん原性 | — | — | — | — | 上述 | がん原性 |
| 吸収・分布・代謝・排泄 | — | 吸収・分布・代謝・排泄 | — | — | トキシコキネティクス | トキシコキネティクス |
| ヒトパッチテスト | ヒトパッチテスト | ヒトパッチテスト | ヒトパッチテスト | ヒトパッチテスト，ヒト累積刺激性管理下ヒト適用試験 | ヒトパッチテスト | ヒトのデータ |

JCIA：日本化粧品工業連合会，CTFA（PCPC）：米国化粧品工業会（米国パーソナルケア製品協会），
COLIPA（CEPCA）：欧州化粧品協会，SCCP（SCCS）：欧州化粧品委員会（消費者安全科学委員会）

### (3) 粘膜刺激性

米国では眼以外の膣や口腔粘膜刺激性の結果を求めている。日米では毒性が懸念される場合，製品についての眼刺激性結果も求められる。

### (4) 経皮吸収

欧米では必要性が高いが，日本では記載されていない。

(5) ヒト試験

製品に関して，米国ではヒト繰り返し貼付試験後に管理下使用試験が記載されている。欧州でも使用試験の記載がある。日本ではパッチテストのみである。

(6) 単回投与毒性

日本では毒性が懸念される場合，製品にも求められる。

各国の試験法一覧は，ポジティブリスト収載品（色素，紫外線吸収剤，防腐剤等）の場合を想定している。他の成分においては，ケースバイケースで試験法を選ぶべきであり，すべての項目が求められる訳ではない。目的や用途，得られた結果などにより，長期の試験（反復投与や生殖毒性，がん原性，トキシコキネティックス）を避けられる可能性は高いが，逆に毒性徴候がある場合には多くの追加結果が必要となる場合もある。欧州では，規制当局から要求された場合，データや報告書の提出が求められるので，慎重な判断が必要である。

なお，これらの項目は，原料（成分）を対象としている。製品の評価は，基本的にヒトパッチ，ヒト繰り返し貼付試験，ヒトボランティアによる適合試験，使用試験で実施される場合が多いが，米国では眼刺激性試験[5]，日本ではその毒性によって単回投与毒性試験や眼刺激性試験が求められる[3]。

一方，昨今大きな話題となっている動物実験代替法（以下，代替法と記す）の採用については，各国ともバリデートされた代替法の活用で一致している。日本では厚生労働省からの事務連絡（医薬部外品の製造販売承認申請及び化粧品基準改正要請に添付する資料に関する質疑応答集（Q＆A）について，平成18年7月19日）で「OECD等により採用された代替試験法あるいは適切なバリデーションでそれらと同等と評価された方法（時々誤解を感じるが，バリデーションされただけでなく，正しく実施され，適切な結果であったことを科学的な第三者評価で認められたことを意味する）に従った試験成績であれば差し支えない。」とされている[3]。2011年2月4日にはさらに踏み込んで，JaCVAM（Japanese Center for the Validation of Alternative Methods：日本動物実験代替法評価センター）[9]で認められた方法も認めるという通知が厚生労働省によりなされている[10]。EUでも，EU委員会によって採択された3Rs（Replacement（置換），Reduction（削減），Refinement（苦痛軽減）の意）戦略に関する最新策が組み込まれており，規制当局であるSCCP（Scientific Committee on Consumer Products：消費者製品に関する科学委員会）は化粧品成分の安全性試験に適した代替法の利用に配慮している。一方，米国では現時点では代替法は規制官庁に完全に受け入れられていないが，スクリーニングツールまたは総合的な安全性プログラムの一部として有用としており，ややEUとは趣が異なる。

まとめ

　試験法の国際調整は，本来，ICCR（International Cooperation on Cosmetics Regulations：化粧品規制協力国際会議）の仕事であると考える[11]。ICH（International Conference on Harmonisation of Technical Requirements for Registration of Pharmaceuticals for Human Use：日米EU医薬品規制調和国際会議）の化粧品版である。ICCRの参加メンバーは行政主導，業界はオブザーバーという点が大きな相違点であり，厚生労働省，FDA，Health Canada，EUの4極が集まって平成19年に設立された。ICCRでは化粧品成分の安全性評価と動物実験代替法のテーマがあげられている。本来ならば，代替法の取り込みを考慮しながら，国際的な舞台で行政的な安全性評価の議論がICCRでなされるべきである。しかし，ICCRで主導権を握っているFDAは，代替法はスクリーニングツールであり，行政的な安全性評価にはそぐわないとの見解を崩さず，EUは規制上では使わなければいけないこともあり，意見が擦りあわない。さらに，EUサイドは試験法の一覧を並べられない。代替法の開発がそれほど進んでおらず，行政的な受入れに必要な組み合わせを提案できないためである。

　本問題は，結局は文化的な俎上が違うので議論になりにくい。国際状況や市場を考慮し，試験法の開発具合やその使い方を視野に入れたICCRでの議論が始まることを切に願っている。

●参考文献
1) 勝田真一：薬用化粧品の承認取得のための安全性試験のあり方をめぐる問題点，医薬部外品有効成分承認取得のための対策と課題，フレグランスジャーナル社，東京，pp.30-47,（2010）
2) 中村 淳：グローバルビジネスを進めるための 知っておきたい世界の化粧品規制，じほう，東京（2013）
3) 「化粧品・医薬部外品 製造販売ガイドブック 2011-2012」，薬事日報社，東京，pp.160-164,（2011）
4) 日本化粧品工業連合会編：「化粧品の安全性評価に関する指針 2008」，薬事日報社，東京，pp.1-30,（2008）
5) CTFA, CTFA Technical Guidelines-Safety Guidelines, Natasha Clober, Washington D.C., USA,（2007）
6) COLIPA, Guidelines for the Safety Assessment of a Cosmetic Product-Colipa, http://www.colipa.eu/downloads/155.html（2011）
7) SCCP, Notes of Guidance for Testing of Cosmetic Ingredients and Their Safety Evaluation, http://ec.europa.eu/health/ph_risk/committees/04_sccp/docs/sccp_o_03j.pdf（2011）
8) OECD GUIDELINE FOR THE TESTING OF CHEMICALS Acute Dermal Irritation/Corrosion http://www.mattek.com/pages/fileadmin/user_upload/files/OECD-404-Accute-Dermal-Irritation-Corrosion.pdf（2011）
9) JaCVAM, http://jacvam.jp/（2011）
10) 「医薬部外品の承認申請資料作成等における動物実験代替法の利用とJaCVAMの活用促進について」（厚生労働省事務連絡，平成23年2月4日）http://wwwhourei.mhlw.go.jp/hourei/doc/tsuchi/T20110207E0020.pdf（2011）
11) ICCR, http://www.mhlw.go.jp/bunya/iyakuhin/keshouhin/iccr04.html（2011）

# 総論 3 バリデーション

## はじめに

化粧品の安全性試験を語る上で，主流になりつつある動物実験代替法（以下，代替法）の存在は欠かせない。本章では基礎知識として試験法のバリデーションについて説明しておきたい。ここを理解していないと，代替法がなかなか増えない理由，試験法の有用性や適用限界などの疑問を払拭できない。各論に入る前にもう少しお付き合いいただきたい。

## 1 試験法確立のプロセス

動物実験の3Rsを考慮した試験法を増やしていかねばならない欧州の状況を受け，化学物質等の安全性試験の公定化には厳密な国際ルールが作られている。これが経済協力開発機構（OECD）ガイダンス文書（GD：Guidance Document）34である。昨今，代替法にかかわらず，新規安全性試験法の行政的な受入れのためにはこのプロセスを踏まねばならない。ある試験法が公定化されるためには，研究・開発された試験法が論文に掲載されるだけではなく，バリデーションが必要となる。この後にバリデーションに関与していない専門家による第三者評価，行政的受入れのための検討が必要となる。簡単なフローを図1に示すが，このような厳しい基準をクリアして新規試験法は行政的に認められるのである。

試験法の確立のためには，3つの試験法の主な要素が存在する。
①作用機構および機能，既存の標的臓器が明確
②最小限の対照物質が明確
③適性かつ信頼性を確認できるデータの所在

この成立基準を満たした試験法が開発者または関係者からバリデーションセンター（次章）に提案されてきた場合，一次評価にて，バリデーションの必要性が吟味される。承認された場合，予算が付いてバリデーション実行委員会が組織され，バリデーションが開始されるという手順を踏むことになる。

バリデーションで明らかにするべきものを OECD GD34から引用すると[1]，以下の3点が要素としてあげられる。
①施設内，施設間の再現性（信頼性）

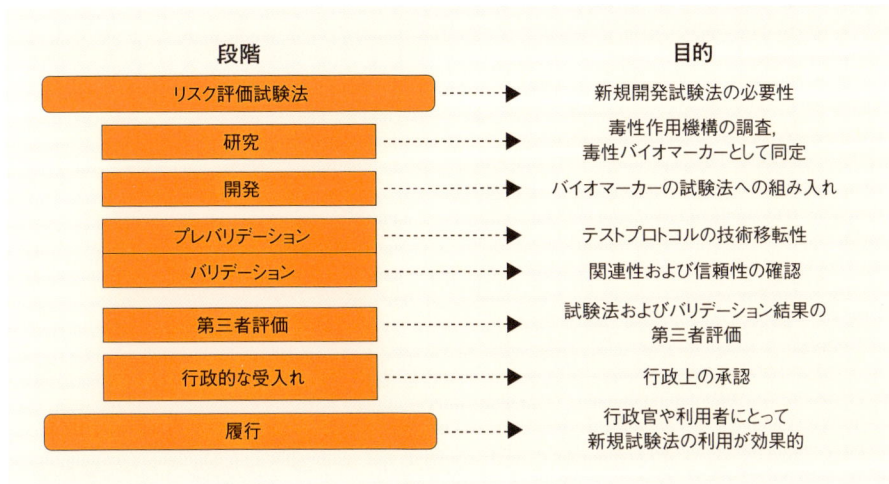

図1　試験法公定化の過程

②データの質
③適性（感度，特異度，正確度，陽性の予測性，陰性の予測性，有用性，適用限界など）

## 2　バリデーション

　上記の3要素を満たすために行うバリデーションに必要な組織や資料を以下にあげ，これまでの経験をもとに説明を加えたい。

### (1) バリデーション実行委員会
　試験法の専門家，生物統計家，バリデーションの専門家および試験法の開発者により構成される第三者組織である。バリデーション開始にあたり，試験の予測モデルを含むプロトコル，バリデーションの成立基準を含む試験計画の作成，参加施設の決定や被験物質の選定，コード化を行う。バリデーション終了後には，得られた結果が適正に実施されたことの検証，結果の解析，報告書の作成などを担当する。参加施設の代表は基本的にこの実行委員会のオブザーバーである。下部組織として，被験物質の選定，コード化，配布などを被験物質管理グループに，データの処理や評価を統計解析グループに任せる場合が多い。

　バリデーションも段階があり，施設内および施設間再現性の高いプロトコルを検証するプレバリデーションの後に，予測性を確認するバリデーションが求められる。安定な再現性が得られるまで何度もプロトコルを改訂し，プレバリデーションを実施しなければいけない場合もあり，バリデーションに入るまでに多くの時間を費やすこともある。

　上述したバリデーションとは予測的なものであり，これから実験を行うものを前提としているが，回顧的なバリデーションとして過去のデータを利用して，例えば，使用動物数を減らすなどの検討もバリデーションの範疇に入る。また，すでにガイドライン化した方法を改良した場合や，類似の生物

材料（例えば，皮膚刺激性試験の評価を新たな培養皮膚モデルを用いて行う場合）を用いたバリデーションを実施する場合にキャッチアップ（me-too ともいう）バリデーションという，より小規模なバリデーションで立証する場合も想定される[3]。

この規模は予算や期間を考慮してバリデーション実行委員会が決める。

## (2) 参加施設

試験法や GLP（Good Laboratory Practice）基準を把握している研究者がいる，または GLP 対応試験ができる複数の参加施設が必要である（最低 3 施設）。GLP 適合施設における実施が望ましいが，試験を GLP 準拠で行えなくとも，GLP 基準や内容を把握している施設であれば参加できる。試験法の開発者や試験法に精通した施設をリード施設に認定して，技術講習の講師やプロトコルの作成，トラブル対応を任せる場合が多い。参加施設の力量を客観的に評価するためには，技術講習会に試験関与者を必ず出席させ，その後トレーニングとして陽性対照物質等を用いた予備試験を行う，そのデータを確認して参加施設の適合条件をクリアできなければ参加を認めない。

## (3) 成立基準を含む試験計画

信頼性と適性を評価するためには基準が必要である。OECD GD34[1] や ICCVAM（Interagency coordinating Committee on the Validation of Alternative Methods）[2]基準の中では，以下のように記載されている。

規制のためのリスクを評価する目的でバリデーションする新しい試験方法，あるいは改訂法では以下のバリデーション基準を満たさねばならない。これらの基準はもちろん，方法や目的によりある程度変わりうる。しかし，その目的にあった試験法の評価とデータベースが一致しなければいけない。なぜなら，試験法は異なった目的，組織（規制当局），物質の分類によりケースバイケースで異なるからである。よって，この基準は，試験法バリデーションの規制の受入れのためには欠くことができないものである。

①科学的および規制上の合理性
②指標の生物学的な意義
③詳細なプロトコル
④再現性（技術移転性，施設内，施設間再現性）
⑤対照物質の存在
⑥適性を見極められる情報とデータ
⑦GLP に準拠したデータ
⑧すべてのデータおよび詳細な試験計画が公開され，利用できること

上記の中で④再現性と⑥適性では事前に成立基準を定め，基準を満たせない場合は次のステップを行ってはならない。

この基準を検証するに最も重要な問題点は，被験物質の数が十分で，種類（参照動物および／またはヒト臨床試験結果が詳細に揃っていること，毒性強度，溶解度，物性および分類）がバラエティに

富んでいることである。これが不完全であれば，試験法がどのように高い予測性を有していても評価に値しない。適用限界も明確にならないからである。研究段階では相関が高い試験法は許容されるかもしれないが，高い安全性評価を考慮すれば，偽陽性の存在は軽視できない。適切な被験物質を用いたバリデーションで限りなく偽陰性が少ない試験法，プロトコルを検証することが重要である。よって，バリデーション成功の鍵は被験物質管理グループが握っていると考えてもよい。

次に選ばれた被験物質を用いて再現性や適性を評価することになるが，一度のバリデーションですべてを解決することを欲ばってはいけない。

成立基準を満たせなければ，プロトコルの見直しが必要である。技術移転性，施設内再現性，施設間再現性は，適性をステップごとに行う計画を立てなければならない。

### (4) 予測モデルを含むプロトコル

プロトコルとは詳細な試験法の指示書である。SOP（標準手順作業書）とは異なる。SOPはプロトコルをもとに各施設の環境（機器，実験材料）に合わせて作成されるものだからである。このプロトコルは陽性基準，データの採用基準等も含む。プロトコルには補完する論文等の背景評価報告書（Background Review Document：BRD）が必要である。BRDの中ですべての条件設定の理由が明らかにされなければならない。

## 3 専門家による第三者評価

　バリデーション終了後には，バリデーションに関与していない複数の専門家による第三者評価委員会における評価（以下，第三者評価委員会）を受けねばならない。この資料として，バリデーション報告書プロトコル，および BRD が利用される。BRD とは，試験法の歴史的背景やプロトコルの条件設定に至る過程が書かれた報告書であり，基本的には試験法開発者により作成される。バリデーション実行委員会が以下の基準に従い報告書で結果をまとめ，見解・結論を述べたとしても，第三者評価委員会がその報告書において結論に異論を唱える場合がある。その場合は無視せず，報告書を作り直す必要がある。

　この評価において，提案されている個々の用途に関し，試験法の有用性や限界についての新たな見解を引き出し，問題点を提起するものでなければならない。すべてのバリデーション基準を考察するとともに，プロトコルや判定基準に関する見解を提示する必要がある。第三者評価委員会は本来の用途における試験法の性能（すなわち，適性と信頼性）について見解を提示する。評価は完全かつ客観的であり，信頼性の高いものでなければならない。

①試験法の科学的，規制の上での妥当性
②試験プロトコルの構成の妥当性
③バリデーションに用いられた物質の分類
④試験法の正確性を評価する物質の *in vitro* および参照データ
⑤データと結果の利用性
⑥試験法の正確性
⑦試験法の信頼性
⑧データの質
⑨他の科学的な報告
⑩ 3 Rs への関与
⑪試験法の有用性と限界
⑫文献
⑬別添資料

## 4　行政的な受入れ

バリデーション報告書，BRDや第三者評価報告書をもとに，以下の問題について検証するとOECD GD34に記載されている[1]。

①検討対象の試験法とその妥当性を示すデータは，透明で独立な評価を受けているか。
②当該試験法で得られるデータは，対象毒性を十分に評価あるいは予測できるものであるか。データは，当該試験法と従来の試験法の，代替法としての繋がりを示しているか。あるいは（同時に）そのデータは，当該試験法と，対象としているあるいはモデルとしている動物種についての影響との繋がりを示しているか。
③当該試験法は，ハザードあるいはリスク，あるいはその両方を評価するのに有用であるか。
④当該試験法とその妥当性を示すデータは，その試験法で安全性を保証しようとする，行政上のプログラムあるいは関係官庁が対象としている化学物質や製品を，十分広く対象としたものとなっているか。当該試験法が適用できる条件および適用できない条件が明確であるか。
⑤当該試験法は，プロトコルの微細な変更に対して十分頑健で，適切な訓練経験を持つ担当者と適切な設備のある施設において，技術習得が容易なものであるか。
⑥当該試験法は，時間的経費的に有用性があり，行政上で用いられやすいものであるか。
⑦当該試験法は，従来の試験法と比べて，科学的・倫理的・経済的に，新しい試験法あるいは改訂試験法であることが正当化されているか。

 ## まとめ

以上，バリデーションについて，OECD GD34およびICCVAMガイドラインに記載された内容の要点を中心に簡単にまとめた。

バリデーションとは多くの研究者の協力を経て，大変な労力と時間を要する作業である。だからといって決して良い結果，思うような結論が出るわけではなく，場合によっては試験法としてまったく評価されない場合もありうる。しかし，動物実験をこれまでのように実施できない以上，化粧品の安全性確保のために代替法の開発は必須である。多くの研究者が代替法の開発に真摯に取り組んでいただけることを切に願っている。

---

●参考文献
1) OECD (2005), OECD Series on testing and assessment Number 34, Guidance document on the validation and international acceptance of new or updated test methods for hazard assessment, ENJ/JM/MONO (2005) 14
2) ICCVAM (1997), Validation and regulatory acceptance of toxicological test methods: a report of the ad hoc Interagency Coordinating Committee on the Validation of Alternative Methods. NIH Publication No: 97-3981, 1997, National Institute of Environmental Health Sciences (NIEHS)
3) Worth, A. P. and Balls, M.: The importance of the prediction model in the validation of alternative tests, ATLA **29**, 135-143 (2001)

# 総論 4 バリデーションセンター

## はじめに

　前章にて，試験法のバリデーションについて説明させていただいた。このバリデーションに対する理解はなかなか広がらず，誤解も多い。共同研究，イコールバリデーションと解釈されている方も多い。確かにバリデーションは予算さえ確保できれば誰でも実施できるが，単なる共同研究ではなく，試験法の信頼性と適性を確認するための研究である。そのステップの多さ，労力からうんざりしてしまわれる方も多い。また，その先に行政的な受入れがないと協力者のモチベーションを保てない。そこで，試験法開発の行政的な推奨を行う公的な機関として各国のバリデーションセンターが設立された。

　本章も化粧品の技術面の説明とやや離れるが，今後，試験法の主流になる動物実験代替法（以下，代替法と記す）を説明する際には，必ず，バリデーションに関する用語やバリデーションセンターの名前が出てくる。今後説明する試験法の紹介の予備知識として，ご理解いただきたい。

## 1　代替法に関する国際機関

　動物実験の3Rsに関係した機関の中としては，1979年に英国に設立されたFRAME（Fund for the Replacement of Animals in Medical Experiments）[1]，1981年に米国ジョーンズホプキンス大学に設立されたCAAT（Center for Alternatives to Animal Testing）[2]，ドイツに1989年に設立されたZEBET（National Centre for Documentation and Evaluation of Alternative Methods to Animal Experiments）[3]，英国にあるNC3Rs（National Centre for the Replacement, Refinement and Reduction of Animals in Research）[4]等の専門機関が有名である。ただし，これらは試験法をバリデートする機関ではなく，3Rsの教育，普及機関である。なお本章ではこれらについては触れず，バリデーションセンターに絞って説明させていただく。

　1991年，欧州委員会は，実験動物の保護を目的としたEU指令86/609/EECにより，ECVAM（European Center for the Validation of Alternative Methods）を設立した[5]。**表1**に示すようなESAC（ECVAM Scientific Advisory Committee）という第三者評価機関兼助言機関を持っている。人員約60名，年間予算は公称で約7M€，現在，眼刺激性，皮膚感作性，急性毒性，発がん性，遺伝毒性，代謝，生殖毒性，環境毒性などの分野における多くの代替法のバリデーションを進めている。

　米国ではNIH Revitalization Act of 1993（Public Law 103-43）に従い，1994年NIEHS（National

表1 主なバリデーションセンターの組織と役割

| | 試験法の提案および推薦 | バリデーション実施の決定 | 専門家による第三者評価 | 行政的推奨 | 行政的承認 | 助言機関 |
|---|---|---|---|---|---|---|
| 米国 | NICEATM（National Toxicology Program Interagency Center for the Evaluation of Alternative Toxicological Methods），ICCVAM（Interagency coordinating Committee on the Validation of Alternative Methods）-NICEATM ワーキンググループ | SACATM（Scientific Advisory Committee on Alternative Toxicological Methods） | ICCVAM-NICEATM peer review panel | ICCVAM | FDA, EPAなどの担当省庁 | SACATM |
| EU | ECVAM（European Center for the Validation of Alternative Methods） | ECVAM | ESAC（ECVAM Scientific Advisory Committee）WG | ESAC | EU委員会 | ESAC |
| 日本 | JaCVAM（Japanese Center for the Validation of Alternative Methods）事務局 | JaCVAM運営委員会 | JaCVAM評価委員会 | JaCVAM評価会議&運営委員会 | 各省庁 | JaCVAM顧問会議 |

Institute of Environmental Health Sciences）が ad hoc Interagency Coordinating Committee on the Validation of Alternative Methods（ICCVAM）を設立した[6]。この法律は，毒性試験法のバリデーションと行政的な受入れの基準を定めている。ad hoc ICCVAM は毒性試験法のバリデーションに関する15の省庁の連絡調整会議である。この ad hoc ICCVAM を支える機関として，NICEATM（The National Toxicology Program Interagency Center for the Evaluation of Alternative Toxicological Methods）が1998年に設立され，ICCVAM Authorization Act of 2000（42 U.S.C. 285/-3）により，2000年に正式な組織となった。ICCVAM は，表1に示すような SACATM（Scientific Advisory Committee on Alternative Toxicological Methods）という助言機関を持っている。NICEATM の正式な人員は2名であるが，支援組織として ILS という会社に資料作成・準備等を依頼している。年間予算は公称で約2M$であり，主にワークショップの開催や専門家による第三者評価の実施を重視しており，バリデーションは主催しない。

一方，2005年11月に国立医薬品食品衛生研究所（以下，国立衛研と記す）安全性生物試験研究センター（以下，安全センターと記す）薬理部内に新規試験法評価室が設立された[7～11]。この部署の業務の1つが新規または改良試験法の評価という活動であり，この活動をわれわれは JaCVAM（Japanese Center for the Validation of Alternative Methods）と呼んできた。さらに，遅れて2008年にブラジル[12]，2009年には韓国[13]にバリデーションセンターが設立された。

## 2　JaCVAMの設立目的と役割

JaCVAM の活動目的は，①日本における動物実験の3Rsの普及，②国際協調を重視した新規代替法の公定化である。ところで，Alternative という言葉を *in vitro* 試験と誤解している方が多い。そうではなく，この言葉の定義は，3Rs原則を実現する試験法のこと，すなわち，すでに確立されている毒性試験法に対して，使用実験動物数を減らしたり，実験動物の苦痛を軽減・削除して動物福祉を進めたり，動物の代わりに動物でない物あるいは進化上での系統発生学的下位動物を使う試験法のこ

とである。よって，3Rs が重視されている昨今では，すべての安全性評価に関わる試験法の行政的な評価を目指して JaCVAM は活動していると認識している。

この JaCVAM は，2011年4月，日本動物実験代替法評価センター（JaCVAM）として国立衛研内の正式な組織として設置された（JaCVAM 設置規則）[11]。JaCVAM の運営は，安全センター長を中心とする運営委員会が行い，その目的は，①化学物質等の業務関連物質の安全性評価において，国民の安全を確保しつつ，動物実験に関する3Rs の促進に資する新規代替法を行政試験法として，可能な範囲での導入に貢献することである。これにより，わが国の医薬品等の製造販売承認申請資料の作成および審査，ならびに化粧品基準の改正等ならびに化学物質，農薬の適正な規制にも寄与する，②業務関連物質の安全性に係る試験法の有用性とその限界および行政試験法としての妥当性についての評価と，それに必要なバリデーションを実施するとともに，関連分野における国内および国際協力ならびに国際対応に携わることである。運営委員会のメンバーは，国立衛研所長，安全センター運営会議構成員（安全センター長，毒性部長，病理部長，薬理部長，変異遺伝部長，総合評価研究室長および毒性部動物管理室長），厚生労働省担当者，独立行政法人医薬品医療機器総合機構担当者および国立衛研安全センター薬理部新規試験法評価室長である。事務局を新規試験法評価室が務める。JaCVAM の目的を達成するため，図1に示すように，開発者・関係者から新規試験法が JaCVAM に提案された場合，以下の流れとなる。

①JaCVAM 運営委員会が，JaCVAM が検討すべき新規・改訂試験法の選考とその評価のための計画に関して，その科学的妥当性と評価実施に必要な予算および人的資源について審議し，バリデーション実行委員会の設立を決定する。

②当該試験法に関するバリデーション実行委員会により実施されたバリデーションの結果を受け，

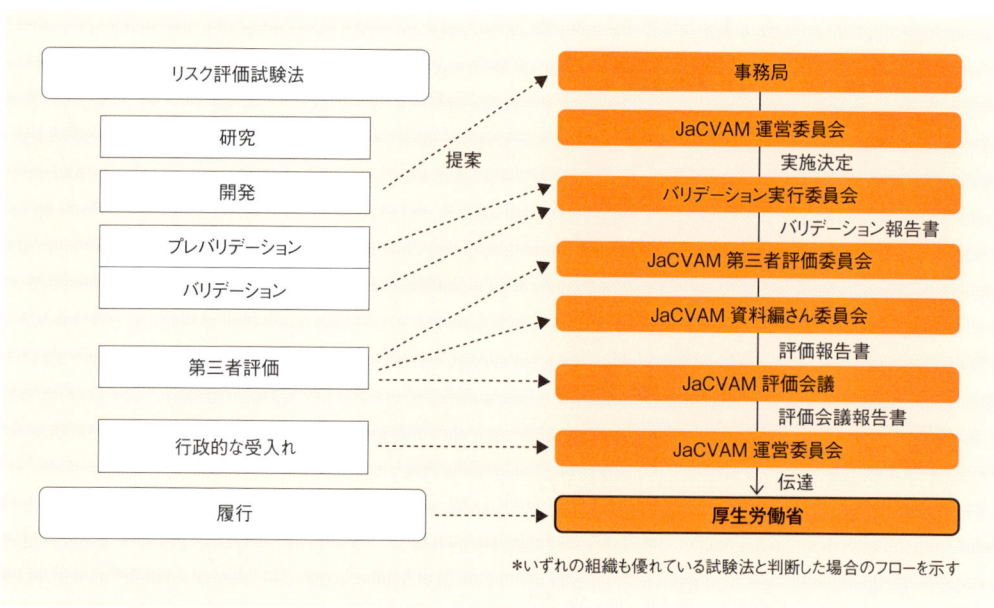

図1　試験法公定化に対応した JaCVAM の組織

バリデーション報告書が作成される。
③当該試験法に関するバリデーション報告書等を用い，第三者評価委員会において第三者評価報告書が作成される。
④当該試験法に関するバリデーション報告書，第三者評価委員会報告書，背景情報を用い，資料編さん委員会による評価報告書をまとめる。
⑤当該試験法に関する評価報告書等をもとに，行政担当者，業界の代表，毒性・統計学者等で構成されるJaCVAM評価会議が医薬品等の承認申請試験としての利用可能性（行政的な受入れ）について審議する。
⑥試験法資料のパブリックコメント
⑦評価会議の報告書をもとに，JaCVAM運営委員会が試験法を審議する。
⑧運営委員会にて行政試験法として妥当とされた試験法について，JaCVAMとしての意見書を添え，厚生労働省の担当部局に伝達するとともに，公表する。

ECVAMやICCVAMと同様，JaCVAMは試験法の行政的な提案を行う（表1）。なお，JaCVAMの運営とその計画および成果について，1年に1回以上の頻度で運営委員会から報告を受け，それらについて審議し，助言するJaCVAM顧問会議を持つ点はECVAM，ICCVAMと同様である。

# 3 ICATM

2009年4月には代替試験法協力国際会議（ICATM：International Cooperation on Alternative Test Methods）が設立され[14]，国立衛研の所長が覚書に調印した。この会議は，"総論2"で紹介した化粧品規制協力国際会議（ICCR：International Cooperation on Cosmetics Regulations）の提案で設立されたものである[15]。よって当初の参加機関は，日米欧のバリデーションセンターおよびHealth Canadaであった。この会議の3つの重要な領域における協力の枠組みを以下に示す。特に重要な点は，これまでバリデーションセンターで取り組んでいる課題・試験法に多くの重複があったことであ

写真1　ICATM調印式（2011年3月，ワシントンDC米国）

る。そこで，この会議を中心に国際的な協調および共同研究を進め，限られた資源（資金や人材）を活かすことが真の目的である。

①バリデーション研究
②科学的妥当性についての第三者評価
③代替法における公式な試験法勧告の推奨

2011年3月には，さらにKoCVAM (Korean Center for the Validation of Alternative Methods) もICATMに参画し，新たな覚書が交わされ，国際協調が拡大している（**写真1**）。ICATMはその重要な仕事の1つとして，化粧品分野における代替法の開発を目指しているが，何も化粧品の安全性評価のためだけに活動しているわけではなく，化学物質等の安全性評価を念頭においている。よって，これらセンターの目的は，主にテストガイドラインの成立である。OECD (Organisation for Economic Co-operation and Development)[16] やICH (International Conference on Harmonisation of Technical Requirements for Registration of Pharmaceuticals for Human Use)[17]，ISO (International Organization for Standardization)[18] などの国際機関のガイドラインに提案した試験法が受け入れられることである。その最終ゴールは，動物実験の3Rsに考慮しながら，化学物質や医療機器，医薬品等の安全性評価の質を保つことに重きをおいている。

##  まとめ

以上，バリデーションセンターの特徴をまとめた。これらの概要を把握していただけたのであれば幸いである。

---

●参考文献
1) FRAME, Available at: http://www.frame.org.uk/ (2011)
2) CAAT, Available at: http://caat.jhsph.edu/ (2011)
3) ZEBET, Available at: http://www.bfr.bund.de/en/zebet-58194.html (2011)
4) NC3Rs, Available at: http://www.nc3rs.org.uk/landing.asp?id=2 (2011)
5) ECVAM, Available at: http://ecvam.jrc.ec.europa.eu/ (2011)
6) ICCVAM, Available at: http://iccvam.niehs.nih.gov/docs/ocutox_docs/EPreport/ocu_report.htm (2011)
7) 大野泰雄：国立衛研報，**122**，1-10 (2004)
8) 小島肇夫：日本化粧品技術者会誌，**40**(4)，263-268 (2006)
9) 小島肇夫：薬学雑誌，**128**(5)，747-752 (2008)
10) 小島肇夫，コスメティックステージ，**4**(5)，56-61 (2010)
11) JaCVAM, Available at: http://jacvam.jp/ (2011)
12) Presgrave, O.A., *Altern Lab Anim*. **36**(6)，705-708 (2008)
13) KoCVAM, Available at: http://www.nifds.go.kr/nitr/contents/m91100/view.do (2011)
14) ICATM, Available at: http://iccvam.niehs.nih.gov/about/icatm.htm (2011)
15) ICCR, Available at: http://www.mhlw.go.jp/bunya/iyakuhin/keshouhin/iccr04.html (2011)
16) OECD, Available at: http://www.oecd.org/document/55/0,2340,en_2649_34377_2349687_1_1_1_1,00.html
17) ISO, Available at: http://www.iso.org/iso/home.htm (2011)
18) ICH, Available at: http://www.ich.org/ (2011)

# 総論 5 構造活性相関

## はじめに

本章では安全性評価の今後の大きな柱の1つと考えられる in silico、構造活性相関（SAR：Structure-Activity Relationship）、定量的構造活性相関（QSAR：Quantitative Structure-Activity Relationship）についてまとめた。

## 1 構造活性相関とは？

通常、実験は、ウェット（wet）と呼ばれるように動物や細胞、各種の生体物質を用いながら行われる。それに対して、in silico とは、実験に関連するシミュレーションなど、動物や細胞、各種の生体物質を用いず、計算で結果を予測する手法を指している。ドライ（dry）と呼ばれる分野にあたる。

一方、化学物質の化学構造上の特徴（または、物理化学定数）と生物学的活性（各毒性エンドポイント等）との相関関係を構造活性相関（SAR）という。すでに有害性試験が実施された化学物質の試験データセットを用いて、相関関係を求め、化学物質の有害性を化学構造や物理化学定数から予測する構造活性相関モデルを指す。化学物質の有害性評価において構造活性相関は、(1) 実験動物を用いずに、(2) 多種の物質を安価で短期間のうちに評価できるという利点を持つ試験法の一種と見なされており、世界的には動物試験はもとより、in vitro 試験よりも優先順位が高く位置づけられる[1]。

基本骨格が同じ化合物群の生理活性（受容体や酵素への結合活性、化学物質としての作用、毒性など）は、その基本骨格に結合している置換基などにより強弱が変化する。それらの置換基（あるいは化合物全体）の物理化学的性質と生理活性の強弱を数式化して表すことを定量的構造活性相関（QSAR）という。実際には多数の類似化合物を合成し、それぞれの生理活性を測定して、その生理活性の値を置換基の電子効果、疎水性、立体効果のパラメーターで数式化する。数式化できれば、それを用いてさらに生理活性の高い化合物を予測することができる。医薬品開発などで候補化合物をデザインし、創製するときにスクリーニングとして用いられる手法である。代表的な電子効果のパラメーターとしてはハメットの $\sigma$ 値、疎水性パラメーターとしてはハンシュの疎水性置換基定数（$\pi$）、立体効果のパラメーターとしてはタフトの立体因子（Es）がある。ある化合物が酵素や受容体と結合する際に働く力は、主に水素結合や疎水性相互作用などの分子間相互作用であり、これらは置換基などの電子効果、疎水性などの物理化学的性質により決まる。また、結合に際し化合物の形状と大きさも

重要であり，酵素や受容体の結合部位と相補的である。そのため，このような物理化学的パラメーターで生理活性を数式化できる[2]。

## 2 構造活性相関利用の実情

この手法を用いて，環境毒性（生分解性・生物濃縮）や生物毒性を予測する研究論文や成書は多い。それらの中で成書のみを参考文献に引用した[3〜12]。また，ソフトとしてDEREK[13]，MultiCASE[14]，TOPKAT[15]などが市販されている。

昨今では，独立行政法人新エネルギー・産業技術総合開発機構（NEDO）の「構造活性相関手法による有害性評価手法開発」プロジェクトにおいて，NITE（独立行政法人製品評価技術基盤機構）を中心に生分解性・生物濃縮性の実測試験結果と構造活性相関モデルの予測結果とを比較検討（平成13〜18年度）し[16]，毒性の専門家による未試験化学物質評価への活用を目指したデータベース等の開発（平成19〜23年度）が以下に記すようになされている[17]。さらに，外部有識者からなる「構造活性相関委員会」を設置し，わが国の化学物質管理行政における構造活性相関による有害性評価の使用法について検討を行っている[2]。

▪ **未点検既存化学物質の実測試験優先度の検討**

安全性点検が実施されていない既存化学物質の生分解性・生物濃縮性や生物毒性を構造活性相関モデルの予測結果および専門家による総合判断を基に評価し，優先的に実測試験をすべき物質の検討を行っている。また，これに使用する構造活性相関モデルを選定するため，経済協力開発機構（OECD：Organisation for Economic Co-operation and Development）（Q）SARバリデーション原則に基づき，モデルのバリデーションを行っている。

▪ **カテゴリーアプローチによる化学物質の生物濃縮性および毒性予測に関する検討**

予測根拠の明示と透明性の高い議論を行うため，国際的にも検討が進められている「カテゴリーアプローチ」を用いた化学物質の魚類における生物濃縮性や生物毒性の予測手法に関する検討を行っている。化学物質管理行政における構造活性相関の使用方法に関する国際的な整合性を維持するため，OECDの国際ガイドライン作成に関する活動など，関連する国際活動に積極的に参加している。特にOECDでは構造活性相関に関する取り組みに積極的であり[18]，種々の報告がなされ，OECD QSAR Tool boxとしてのサービスを行っている[19]。表1に示すプロファイリングや表2に示すデータベースを無料で利用できる状況である。このツールはまだ完成しておらず，代謝や他の毒性予測を含め，データベースが整備されている状況である。

一方，米国の有害物質規制法やカナダの環境保護法における新規化学物質の審査では，生産量の低い化学物質の特定のエンドポイントにおいて，実験の代わりに構造活性相関による評価が用いられている[2]。

以上のような状況から，今後，*in silico*は*in vitro*試験と並び，スクリーニング系として発展が望まれている分野である。

表1　OECD QSAR Tool box プロファイリング[18]

| | Updated profilers |
|---|---|
| 1 | ECOSAR (v1.10) |
| 2 | OECD HPV Chemical Categories |
| 3 | Protein binding by OASIS |
| 4 | Protein binding by OECD |
| 5 | Protein binding by Potency |
| 6 | DNA binding by OASIS |
| 7 | DNA binding by OECD |
| 8 | Skin irritation corrosion Inclusion rules by BfR |
| 9 | Chemical elements |
| | New profilers |
| 1 | Carcinogenicity (genotox and nongenotox) alerts by ISS |
| 2 | *In vitro* mutagenicity (Ames test) alerts by ISS |
| 3 | *In vivo* mutagenicity (Micronucleus) alerts by ISS |
| 4 | Organic functional groups (extended) |
| 5 | Organic functional groups (nested) (extended) |

表2　OECD QSAR Tool box データベース[18]

| | Updated Databases |
|---|---|
| 1 | Skin Sensitisation |
| 2 | GENOTOXICITY Oasis |
| 3 | Micronucleus ISSMIC NEW |
| 4 | Carcinogenicity & mutagenicity ISSCAN |
| 5 | HESS Repeated dose toxicity |
| | New Databases |
| 1 | MUNRO non-cancer |
| 2 | Bacterial mutagenicity ISSSTY |
| 3 | Hydrolysis rate constant |

## 3　化粧品の安全性評価と構造活性相関

　化粧品原料の有用性を予測するために定量的構造活性相関をスクリーニングに用いることは創薬の延長線上にあるものであり，有用なツールの利用であると考えられる．安全性評価への利用においても，スクリーニングとして個々の施設において開発の一環として利用されることに何の異論もない．

　ただ，実際の製剤化を考慮した場合，どこまで利用できるのか疑問である．構造活性相関はその物質の純度が限りなく高い場合に極めて大きな力を発揮する．では，化粧品原料で純度が高いものとは何なのか？　有機や無機化学の専門家でも，分析化学の専門家でもないことから，大きなことはいえないが，そのような原料を使用することは極めてまれであると考える．さらに，過去の化粧品のトラブル事例の多くは，主成分ではなく，不純物により引き起こされていることを忘れてはならない．すなわち，原料コストを抑え，より安価なものに変えた場合にトラブルが起きやすい．

　さらに，遺伝子やタンパクへの求核置換反応が主な作用機構である遺伝毒性（エイムス試験）や感作性の一指標であるペプチド結合の予測でさえも，スクリーニング試験の予測でしかなく，さらに現状では複雑な生体反応を予測できるとは思えない．本間も[20]，QSAR研究の本質は予測ツールとしての利用ではなく，さまざまな毒性を分子レベルで解明でき，その利用が科学的知見に基づく化学物質の真のリスク評価に通じると述べている．予測ツールとしての利用ではなく，例えば，内分泌かく乱物質のホルモンレセプターへの結合などのように，薬効や毒性解明のツールとしての利用に重きをおくべきと考えている．

以上のような理由から，現時点では，構造活性相関結果は化粧品原料のスクリーニングとしての利用に留めるべきであり，安全性評価における行政資料となりうるケースは極めて少ないと予想している。

●参考文献
1) 製品評価技術基盤機構：NITE (2012)，Available at: http://www.safe.nite.go.jp/kasinn/qsar/qsartop.html
2) 薬学用語解説 (2012)，日本薬学会，Available at: http://www.pharm.or.jp/dictionary/wiki.cgi?QSAR (Quantitative_Structure-Activity_Relationship
3) 松尾昌季：「QSAR (定量的構造活性相関) 手法を用いた化学物質の手計算による生態毒性予測 (環境生物) 第1巻　手計算による急性，亜急性，慢性毒性，繁殖性などの予測」，株式会社エル・アイー・シー，東京，(1999)
4) 松尾昌季：「QSAR (定量的構造活性相関) 手法を用いた化学物質の手計算による生態毒性予測 (環境生物) 第2巻　手計算による生分解性の予測」，株式会社エル・アイー・シー，東京，(1999)
5) 松尾昌季：「QSAR (定量的構造活性相関) 手法を用いた化学物質の手計算による生態毒性予測 (環境生物) 第3巻　手計算による生物濃縮性の予測」，株式会社エル・アイー・シー，東京，(1999)
6) 松尾昌季：「QSAR (定量的構造活性相関) 手法を用いた化学物質の手計算による毒性予測 (哺乳動物) 第1巻　手計算による急性毒性の予測」，株式会社エル・アイー・シー，東京，(2000)
7) 松尾昌季：「QSAR (定量的構造活性相関) 手法を用いた化学物質の手計算による毒性予測 (哺乳動物) 第2巻　手計算による亜急性，慢性毒性の予測 (改定版)」，株式会社エル・アイー・シー，東京，(2002)
8) 松尾昌季：「QSAR (定量的構造活性相関) 手法を用いた化学物質の手計算による毒性予測 (哺乳動物) 第3巻　手計算による刺激性，アレルギー性の予測 (改定版)」，株式会社エル・アイー・シー，東京，(2002)
9) 松尾昌季：「QSAR (定量的構造活性相関) 手法を用いた化学物質の手計算による毒性予測 (哺乳動物) 第4巻　手計算による生殖・発生毒性の予測 (改定版)」，株式会社エル・アイー・シー，東京，(2002)
10) 松尾昌季：「QSAR (定量的構造活性相関) 手法を用いた化学物質の手計算による毒性予測 (哺乳動物) 第5巻　手計算による変異原性の予測 (改定版)」，株式会社エル・アイー・シー，東京，(2006)
11) 松尾昌季：「QSAR (定量的構造活性相関) 手法を用いた化学物質の手計算による毒性予測 (哺乳動物) 第6巻　手計算による発癌性の予測 (改定版)」，株式会社エル・アイー・シー，東京，(2003)
12) 松尾昌季：「QSAR (定量的構造活性相関) 手法を用いた化学物質の手計算による毒性予測 (哺乳動物) 第7巻　手計算による吸収，分布，代謝，排泄 (ADME) の予測 (改定版)」，株式会社エル・アイー・シー，東京，(2009)
13) CTC (2012)，Available at: http://www.ctcls.co.jp/products/list/lhasa.html
14) Charles river (2012)，Available at: http://www.crj.co.jp/product/software02.html
15) COMTEC (2012)，Available at: http://www.comtec.daikin.co.jp/SC/prd/ds/topkat.html
16) 製品評価技術基盤機構：NITE (2012)，カテゴリーアプローチによる化学物質の生物濃縮性予測，Available at: http://www.safe.nite.go.jp/kasinn/qsar/category_approach.html
17) 新エネルギー・産業技術総合開発機構：NEDO (2012)，構造活性相関手法による有害性評価手法開発，Available at: http://www.nedo.go.jp/activities/ZZ_00152.html
18) OECD Quantitative Structure-Activity Relationships Project [(Q) SARs] (2012)
　　Available at: http://www.oecd.org/document/23/0,3746,en_2649_34377_33957015_1_1_1_1,00.html
19) The OECD QSAR Toolbox (2012)，Available at: http://www.oecd.org/document/54/0,3746,en_2649_34379_42923638_1_1_1_1,00.html
20) 本間正充：構造活性相関による遺伝毒性の予測，国立衛研報，**128**，39-43 (2010)

# 総論 6 AOPとIATA

## はじめに

前章までに動物実験代替法（以下，代替法と記す）や in silico の現状について説明を行ってきた[1~4]。これらの情報を糧に"ある動物実験を用いない方法"により，化粧品成分の安全性評価ができるのであればそれに越したことはない。しかし，残念ながら，動物の複雑な生体機能を in silico や in vitro 法で置き換えることは不可能である。1つの in vitro 法では有害性の同定しかできない状態であり，さらに適用限界があり，どのような成分にでも対応できる試験法はないに等しい。ましてや，リスク評価（濃度依存性や適用方法に準じた評価，吸収・分布・代謝・排泄）となると現状では不可能に近い。そのような現状を認識して国際的にはAOP（Adverse Outcome Pathway：有害機構経路）やITS（Integrated Testing Strategies：総合的な試験戦略）およびIATA（Integrated Approach on Testing and Assessment）が提案されている。本章ではそれらを例示しながら，in silico や in vitro 法を用いた安全性評価の最前線について説明していきたい。

## 1 AOP

昨今，OECDではAOPの利用を促進している[5]。AOPとは，米国環境省（EPA：U.S. Environmental Protection Agency）が環境毒性評価の考え方で提案したものであり[6]，化学物質と生体の相互作用から個体での毒性発現を関連付けて説明する考え方である。例えば，ITSの代替法の利用に関する部分について，毒性発現，作用機構それぞれに合った測定指標を考え，開発を促す機会を与えようというものであると理解すべきである。具体的な試験法ごとの詳細は，OECDの中のプロジェクトでもまだ，皮膚感作性評価でしか確立されていない。

そこで，皮膚感作性評価の例をもとに概念を説明したい。図1に示すように，AOPとして，化学物質の構造および特徴，分子起因事象，細胞反応，組織反応，生体反応という皮膚感作性に関するこれまでの研究から明確になった結果をもとに，作用機構や毒性経路という視点でまとめたものである。これは本分野に関わる者にとっては目新しいものではない。表1に示すように，ヒト，哺乳類における接触過敏性のアレルギー接触皮膚炎に至る有害事象をとらえるため，①タンパク質の活性部位，システインおよび／またはリジンへの共有結合，②ケラチノサイトの炎症反応およびケラチノサイトの抗酸化反応因子の遺伝子発現，③樹状細胞の活性化，④T細胞の増殖をわかりやすくまとめたも

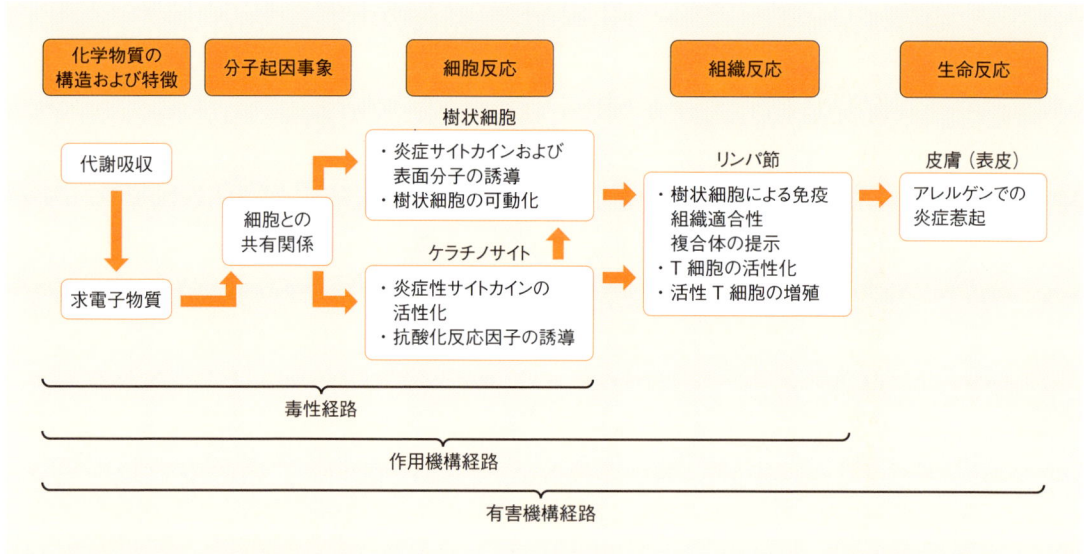

**図1 皮膚感作性における有害機構経路**[13]

のである。これらの事象に対し，それぞれに有用な試験法が開発されれば，理屈の上では，動物実験を経なくても感作性は評価できる。OECD では AOP の開発テンプレートが提案されており，今後種々の毒性分野において AOP が開発されていくであろう。

## 2 ITS

ITS については，*in silico* や代替法の組み合わせによる評価戦略という点で理解者は多い。REACH（Registration, Evaluation, Authorization and Restriction of Chemicals：リーチ法）[7] を推し進める ECHA（European Chemicals Agency：欧州化学庁）[8] もその考え方を提案しており，経済協力開発機構（OECD）テストガイドラインにおいてもその考え方の導入検討が進んでいる[9]。組み合わせる試験法は明らかに作用機構や適用方法が異なるものであり，相互の欠点を補完するものでなくてはならない。図2に示す眼刺激性試験のトップダウンアプローチ，ボトムアップアプローチのように，それぞれの試験法の特徴を生かした試験法の組み合わせが望まれる[10]。組み合わせると相関係数が高くなるから，予測性が高くなったからよいという考え方は研究としては受け入れられるかもしれないが，安全性評価の視点ではあまり意味がない。組み合わせの相関係数が0.1上がるくらいなら，単独の試験の利用で十分である。予測値は被験物質の選択や数で容易に変わりうるものであり，それらが考慮されたバリデーションの結果でなければ信頼できない。組み合わせにより，

**表1 有害転帰経路（AOP）における主な事象の総括**[10改変]

| 主な事象 | 実験結果 | 事象の強度 |
|---|---|---|
| 主な事象1 | タンパク質の活性部位，システインおよび／またはリジンへの共有結合 | 強い（皮膚感作性に関係した作用機構） |
| 主な事象2 | ケラチノサイトの炎症反応 ケラチノサイトの抗酸化反応因子の遺伝子発現 | 適度（皮膚感作性に関係したサイトカイン IL-18）強い（細胞シグナル経路酸化／求核反応因子 ARE/EpRE-依存性経路） |
| 主な事象3 | 樹状細胞の活性化 | 適度（皮膚感作性に関係した細胞接着，刺激分子，サイトカインの発現） |
| 主な事象4 | T 細胞の増殖 | 強い（局所リンパ節試験） |
| 有害事象 | ヒト，哺乳類における接触過敏性のアレルギー接触皮膚炎 | 既知（ヒトデータと同様モルモットでデータのあるテストガイドライン） |

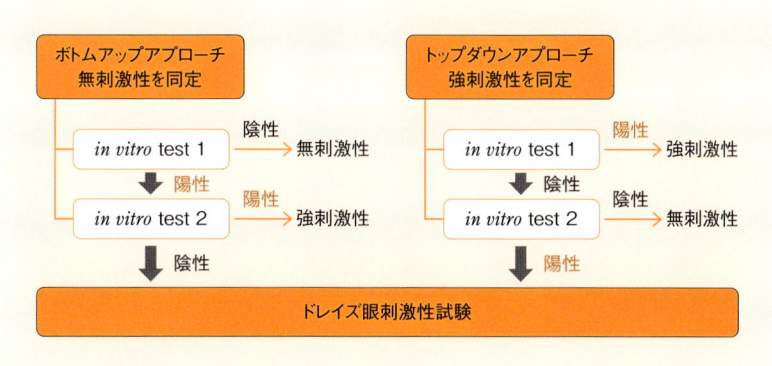

図2　眼刺激性評価における代替法の組み合わせ

例えば，正確度が90%，感度85%，特異度95%となった試験法はいかにもよさそうであるが，安全性評価の視点では特異度50%でもよいので，感度が限りなく100%に近い試験法のほうがましである。この場合，限りなく偽陰性は少ないわけであり，成分により安全性上のトラブルが生じる可能性は小さくなる。一方，この場合は偽陽性が多いことを意味しており，成分を開発する企業には受け入れられにくい。よって，組み合わせにより，予測性も感度も高い試験法がベストな組み合わせということになる。

ただし，代替法を組み合わせる前にすべきことは多い。OECDテストガイドラインNo.405眼刺激性／腐食性試験の中にも[11]，図3に示すような試験法の選択手順が記載されている。まずは，既存情報の収集，in silicoの利用，pH測定，経皮適用による全身毒性の確認，代替法の組み合わせのどこかで陽性と判断された場合，そこで終了となるが，いずれも陰性の場合には最終的に1匹ずつの動物実験で確認していくべきとされている。REACHを意識した英国FRAME（Fund for the Replacement of Animals in Medical Experiments）の検討でも，同様のITSが提案されている[12]。これらはほとんど同様であるが，しいて言うのであれば，FRAMEは動物実験を行う前に，さらにWoE（Weight of Evidence：証拠の重み付け）の検証を促していることである。WoEとは結論を出すために多くの異なる展望から見て，データを組み合わせることを指している。

図3　OECD TG405に準じた眼刺激性評価のためのフローチャート

## 3 IATA

　IATAは，以下のようにOECDにて定義されている[14]。生化学および細胞試験，コンピュータ予測モデル，曝露試験の結果および標的臓器に関する他の情報源または評価結論の構築から，化学物質の分類の基となる既存知識の統合をいう。IATAの応用は動物実験のような標準試験を3Rsに導き，IATAは，リスク評価を目的とした分子起因現象から個々の生物および集団の有害性を生物学的な連携を供与する有害性機構（AOP：Adverse Outcome Pathway）への考慮を含む作用機構（MoA：Mode of Action）[15]の解明を推進する可能性を持っている。OECDでは，これまでに皮膚刺激性のIATAが開発されている[14]。

　世界保健機関（WHO：World Health Organization）および国際化学物質安全性計画（IPCS：International Program on Chemical Safety）では，ヒトでの発がんのMoA関連解析のフレームワークが開発されており[16]，OECDでもAOPの開発に力を入れている。これまでに皮膚感作性のAOPが開発され[13]，さらに多くの試験法について検討が進んでいる[17]。

 まとめ

　化学物質の安全性評価を実施するにあたり，まずとか，最初に動物実験を実施するという時代は終わったと考えてよい。仮に動物実験を実施する場合でも，欧米の場合，動物実験審査委員会はAOPやITSを加味した代替法に関する検討が十分になされていなければ，動物実験の実施を許可しないであろう。動物愛護という視点から広がったこの動向をよく把握し，WoEを日常化することがトキシコロジストの役割であると考えている。

●参考文献
1) 小島肇夫：技術講座　安全性評価試験(4)，COSME TECH JAPAN，**2**(2)，65-69(2012)
2) 小島肇夫：技術講座　安全性評価試験(5)，COSME TECH JAPAN，**2**(3)，44-49(2012)
3) 小島肇夫：技術講座　安全性評価試験(6)，COSME TECH JAPAN，**2**(4)，59-63(2012)
4) 小島肇夫：技術講座　安全性評価試験(7)，COSME TECH JAPAN，**2**(5)，51-54(2012)
5) List of projects on the AOP deveopment programme workplan (2014) Available at: http//www.oecd.org/env/ehs/testing/listsofprojectsontheaopdevelopmentprogrammeworkplan.htm
6) GERALD T. ANKLEY, _RICHARD S. BENNETT, RUSSELL J. ERICKSON, DALE J. HOFF, MICHAEL W. HORNUNG, RODNEY D. JOHNSON, DAVID R. MOUNT, JOHN W. NICHOLS, CHRISTINE L. RUSSOM, PATRICIA K. SCHMIEDER, JOSE A. SERRRANO, JOSEPH E. TIETGE, and DANIEL L. VILLENEUVE (2010) ADVERSE OUTCOME PATHWAYS:A CONCEPTUAL FRAMEWORK TO SUPPORT ECOTOXICOLOGY RESEARCH AND RISK ASSESSMENT, Environmental Toxicology and Chemistry, Vol. 29, No. 3, pp. 730-741.
7) REACH (2012) Available at: http://ec.europa.eu/environment/chemicals/reach/reach_intro.htm
8) ECHA (2012) Available at: http://echa.europa.eu/
9) OECD GUIDELINE FOR THE TESTING OF CHEMICALS (2012) Available at: http://www.oecd.org/document/40/0,3746,en_2649_34377_37051368_1_1_1_1,00.html
10) Scott L, Eskes C, Hoffmann S, Adriaens E, Alepée N, Bufo M, Clothier R, Facchini D, Faller C, Guest R, Harbell J, Hartung T, Kamp H, Varlet BL, Meloni M, McNamee P, Osborne R, Pape W, Pfannenbecker U, Prinsen M,Seaman C, Spielmann H, Stokes W, Trouba K, Berghe CV, Goethem FV, Vassallo M, Vinardell P, Zuang V. (2010) A proposed eye irritation testing strategy to reduce and replace in vivo studies using Bottom-Up and Top-Down approaches. Toxicol In Vitro. **24**(1) : 1-9.
11) OECD GUIDELINE FOR THE TESTING OF CHEMICALS, Acute Eye Irritation/Corrosion (2002) Available at: http://www.oecd-ilibrary.org/environment/test-no-405-acute-eye-irritation-corrosion_9789264070646-en;jsessionid=7d1crse4jnn4.delta
12) Grindon C, Combes R, Cronin MT, Roberts DW, Garrod JF. (2008) An integrated decision-tree testing strategy for eye irritation with respect to the requirements of the EU REACH legislation. ATLA, **36**, supplement 1, 111-122.
13) OECD Series on Testing and Assessment, NO. 168 The Adverse Outcome Pathways for Skin Sensitisation Initiated by Covalent Binding to Proteins. (2011)
14) OECD Series on Testing and Assessment, GUIDANCE DOCUMENT ON AN INTEGRATED APPROACH ON TESTING AND ASSESSMENT (IATA) FOR SKIN CORROSION AND IRRITATION, (2014) Available at: http//www.oecd.org/env/ehs/testing/2013-100-20_IATA_GD_Skin%20_th_draft_final_JB-clean+5comments.pdf#search='IATA+skin+irritation'
15) (Quantitative) Structure Activity Relationship [(Q) SAR] Guidance Document, North American Free Trade Agreement (NAFTA) Technical Working Group on Pesticides (TWG) (2012), Available at: http//www.epa.gov/oppfead1/international/naftatwg/guidance/qsar-guidance.pdf#
16) Alan R. Boobis, Samuel M. Cohen, Vicki Dellarco, Douglas McGregor, M. E. (Bette) Meek, Carolyn Vickers, Deborah Willcocks and William Farland: IPCS Framework for Analyzing the Relevance of a Cancer Mode of Action for Humans, Vol. 36, No. 10, Pages 781-792(2006)

# 総論 7 化粧品・医薬部外品の安全性評価に活用するためのガイダンス

## はじめに

平成24年4月26日以降，厚生労働省医薬食品局審査管理課より，「化粧品・医薬部外品の安全性評価に活用するためのガイダンス」が各都道府県衛生主管部業務主管課宛に発出されることになった[1]。本章ではこのガイダンスについて触れておく。

## 1 これまでのガイダンス

### (1) ガイダンス以前

ガイダンス通知に先立ち，平成23年2月4日に厚生労働省医薬食品局審査管理課より以下の通知が提出された。

「医薬部外品の承認申請資料の作成においては，下記に示すJaCVAMのホームページに掲載されている情報も参考の上，適切な資料を作成し，また化粧品のポジティブリスト改正要望等においても活用が図られるよう，貴管下関係業者に対し周知をお願いします」。

しかし，残念なことにJaCVAMのホームページ[2]を閲覧しても，結局どれが許認可資料として使えるのかわからない，文書が多すぎる，適切な資料の作成は記載されていないなどの苦言があり，十分な利用促進にはつながっていなかった。そこで，個別試験法についてガイダンスを発出することになった。これまでに発出されたガイダンスを以下に示す。

### (2) 皮膚感作性試験代替法及び光毒性試験代替法を化粧品・医薬部外品の安全性評価に活用するためのガイダンスについて　事務連絡（平成25年5月30日）

「今般，皮膚感作性試験代替法及び光毒性試験代替法について，その利用促進を図るため，平成23年度レギュラトリーサイエンス総合研究事業（研究代表者 小島 肇）において，それぞれ化粧品・医薬部外品の安全性評価に活用するためのガイダンスを作成したので，貴管下関係業者に対し周知願います。
（添付資料）
　①皮膚感作性試験代替法としてのLLNAを化粧品・医薬部外品の安全性評価に活用するためのガイダンス
　②光毒性試験代替法としての*in vitro* 3T3　NRU光毒性試験を化粧品・医薬部外品の安全性評価に

活用するためのガイダンス」。

### (3) 皮膚感作性試験代替法（LLNA：DA，LLNA：BrdU-ELISA）を化粧品・医薬部外品の安全性評価に活用するためのガイダンスについて　事務連絡（平成25年5月30日）

「今般，皮膚感作性試験代替法（LLNA：DA，LLNA：BrdU-ELISA）について，その利用促進を図るため，平成24年度レギュラトリーサイエンス総合研究事業（研究代表者 小島 肇）において，それぞれ化粧品・医薬部外品の安全性評価に活用するためのガイダンスを作成したので，貴管下関係業者に対して周知願います。

（添付資料）
　①皮膚感作性試験代替法としてのLLNA：DAを化粧品・医薬部外品の安全性評価に活用するためのガイダンス
　②皮膚感作性試験代替法としてのLLNA：BrdU-ELISAを化粧品・医薬部外品の安全性評価に活用するためのガイダンス」。

### (4) 眼刺激性試験代替法としての牛摘出角膜の混濁及び透過性試験法（BCOP）を化粧品・医薬部外品の安全性評価に資するためのガイダンス　薬食審査発0204第1号（平成26年2月4日）

「眼刺激性試験は，ウサギを用いた急性眼刺激性／腐食性を評価するDraize法がこれまで用いられていますが，これに代わる代替法である「牛摘出角膜の混濁および透過性試験（Bovine Corneal Opacity and Permeability Test：BCOP）」が，強度の眼刺激性から無刺激性の物質を同定する試験法としてOECDテストガイドライン437として採択されています。

今般，BCOP法について，化粧品・医薬部外品の安全性評価に利用するにあたり，必要な留意点等を，別添のとおりガイダンスとして取りまとめましたので，貴管下関係業者に対して周知方お願いします」。

## 2　本ガイダンスができるまで

平成23年2月の通知以降[1]，「医薬部外品等の安全性試験法に関する代替法ガイダンス検討会」を立ち上げ，OECDテストガイドライン，JaCVAMの評価報告書などをもとに，動物実験代替法（以下，代替法と記す）の利用促進を促すガイダンスを作成することになった。ガイダンス案の提案は厚生労働省医薬食品局審査管理課によるものである。この文案の作成は，日本化粧品工業連合会の代替法専門委員会の委員が中心となり，成文化にこぎ着けた。もちろん，医薬品医療機器総合機構，国立衛研の専門家，皮膚科医にも多くの意見をいただいてまとめられ，できあがった案についてJaCVAMのホームページ[2]でパブコメを行い，いただいたコメントにも真摯に対応して最終化している。

## 3 今後の展開

いずれの通知の最後にも「その他の代替法に関するガイダンスについては，順次，作成する予定です」とある。今後も年間1〜2試験ずつガイダンスを増やしていく予定である。順調にガイダンスが整備された場合，5年後には医薬部外品や化粧品の代替法による安全性評価が普及していると予想している。

●参考文献
1) 医薬品医療機器総合機構：available at: http://www.pmda.go.jp/kijunsakusei/guideline.html（2014）
2) JaCVAM: available at: *jacvam.jp/*（2014）

# 各論 1 ウサギを用いる眼刺激性試験

## はじめに

　医薬部外品・化粧品における眼刺激性試験とは，誤って眼に入った製剤の眼刺激性を予見する重要な試験法である。これまで，動物個体を用いて眼刺激性を検出する方法として，ドレイズ試験が汎用されてきたが，動物愛護の象徴のようにとらえられ，動物実験代替法の開発が盛んに行われてきた試験法でもある。しかし，開発およびバリデートされた動物実験代替法のみでは十分に眼刺激性を評価できず，現状では，化粧品・医薬部外品の許認可に動物実験は欠かせない。よって，経済協力開発機構（OECD）において，このテストガイドライン（TG：Test Guideline）は，動物実験の3Rsの知見から，2012年，大幅に改訂された。これらを中心に本試験法の具体的な手法を確認していきたい。

## 1 試験法

### (1) 試験法および改訂内容の紹介[1]

　眼刺激性の評価方法には，ウサギが一般に用いられてきた。ウサギの眼はヒトと比較して，角膜およびボーマン氏膜が薄く，角膜上皮の新生が遅い，眼瞼が緩い，瞬膜がよく発達している，角膜における血管増殖がしばしば起こる，眼房水のpHが異なる等から，ウサギのほうが人間より刺激性に対して感度が高いといわれている。これをもとに，ドレイズ試験が汎用され[2,3]，角膜，結膜，虹彩を点数化して評価されてきた。

　2012年OECDでは，局所麻酔剤と全身性鎮痛剤の使用により，試験成績に影響を与えることなく動物の痛みと苦痛を回避できるか，そしてその際の局所麻酔剤と全身性鎮痛剤の処方および人道的エンドポイントを中心にTGを改訂した。本改訂によりウサギを用いた眼刺激性試験を実施する際に動物の痛みと苦痛が最小限に軽減されたと考えられる。

### (2) 試験法の概要

　主な共通点を以下にまとめた。また，医薬部外品等のガイドラインの主な相違点を**表1**に示す[4,5]。適用手順，洗浄の有無，観察時間などの記載が主な違いである。医薬部外品や化粧品に関する記載が動物福祉的には時代遅れであり，共通点はあまり多くない。

表1　眼刺激性試験の比較

| | OECD テストガイドライン No.405[2] | 医薬部外品の承認申請資料[4] | 化粧品の安全性評価試験法[5] |
|---|---|---|---|
| 試験動物 | 若齢成熟白色ウサギ | 若齢成熟白色ウサギ | 若齢成熟白色ウサギ |
| 動物数 | 1匹，腐食性または強い刺激性物質である場合は終了，腐食性作用が観察されない場合には，最大2例の追加動物で刺激反応の有無を確認する。 | 1群3匹以上 | 1群3匹以上 |
| 用量 | 0.1mL（液体）または100mg（固体） | 0.1mL（液体）または100mg（固体） | 0.1mL（液体）または100mg（固体） |
| 投与方法 | 片眼の下眼瞼を眼球より静かに引き離し，結膜嚢内に投与し，上下眼瞼を約1秒間静かに閉じる。未処理のままの他眼が対照となる。固体および即時の腐食性または刺激性作用の場合以外は，滴下後少なくとも24時間は洗眼しない。 | 片方の眼の下眼瞼を眼球より穏やかに引き離し，結膜嚢内に投与し，上下眼瞼を約1秒間穏やかに合わせる。他方の眼は未処置のまま残し，無適用対照眼とする。眼刺激性を示す物質は点眼後に洗浄を行う。 | 下眼瞼を約1秒間穏やかに閉眼。他方の眼は未処置のまま残し，無処置対照眼。必要に応じて数段階濃度。眼刺激性が強いと予想される場合には，必要に応じて点眼後に洗浄等の適切な処置を実施する。 |
| 観察 | 眼の刺激性反応（結膜，角膜および虹彩）は被験物質投与後1，24，48および72時間に採点する。動物が重度の苦痛または傷害の継続的徴候を示す場合は，その時点で終了とする。作用の可逆性を決定するためには，投与後に21日間観察する。 | 1，24，48，72および96時間後に眼の観察を行う。持続性の角膜傷害等が認められた場合には，その経過および可逆性の観察を続ける。 | 投与後，1，24，48，72および96時間後に眼の観察。角膜，虹彩の刺激反応が認められた場合には，その経過および可逆性の観察を続ける。 |
| 判定・評価 | 眼反応（結膜，角膜および虹彩）のグレードを記録する。 | 未記載 | Draize採点法により判定し，Kayらの基準で評価する。 |

1）動物

　若齢成熟白色ウサギを用いる。

2）動物数

　1群，1〜3匹とする。

3）対照

　他方の眼は未処置のまま残し，無適用対照眼とする。

4）投与回数および量

　単回とする。0.1mL（液体）または100mg（固体）

5）観察

　眼の刺激性反応（結膜，角膜および虹彩）を被験物質投与後1，24，48および72時間に観察する。

## 2　試験法の注意点

(1) 改訂にかかわらない主な注意点

①角膜，光彩の刺激反応は，認められた場合または粘膜に使用されることがある製剤（衛生綿類，薬用はみがき類，眼周囲または口唇に使用する薬用化粧品，またはこれに類するもの）の場合で，眼に入る可能性のあるもの（浴用剤，シャンプー，リンス，顔面に使用する薬用化粧品：薬用せっけんを含む，またはこれらに類するもの）については，製剤でも試験を実施する。なお，最大配合濃度で角膜，虹彩の刺激反応が認められないことを確認すれば，製剤についての試験は省略

② 配合濃度または製剤で刺激反応が認められる場合，あるいは洗い流す用法の製剤で反応が認められる場合には，使用時の濃度での評価，既存の医薬部外品または化粧品との相対評価あるいは洗顔条件での試験を実施し，安全性を確認する方法もある。
③ 固体，ペーストおよび粒子状物質を適用の場合は，摩砕して微粉末化する。固体物質の容量は容器を軽くたたいて詰めた後に測定する。固体物質が投与後1時間の観察時点で生理的機構によって眼から除去されていない場合には，眼を生理食塩液または蒸留水で洗浄してもよい。
④ ポンプスプレーおよびエアゾール製品を適用の場合は，あらかじめ内容物を採取し眼に適用する。ただし，内容物が気化するために加圧エアゾール容器に入れられている被験物質の場合は例外であり，その場合は眼を開き，眼の直前10cmの距離から約1秒間単回噴射して被験物質を眼に適用する。この距離は，スプレーの射出圧力およびその含量に応じて変化してもよい。スプレーの射出圧力で眼を損傷しないように注意する。エアゾールからの投与量は，以下のシミュレーションによって概算の投与量を推定する。

　被験物質を秤量用紙の直前に置いたウサギの眼のサイズの穴を通してスプレーし，秤量用紙の重量増加から眼にスプレーされる量を概算する。揮発性物質の投与量については，被験物質をスプレーする前と後の容器重量を秤量することにより推定する。
⑤ 眼の傷害が認められない時でも，投与後3日以内に試験を終了させてはならない。軽度から中等度の刺激性が明瞭に認められる場合は投与後21日まで観察し，その時点で試験を終了する。観察の実施および記録は少なくとも投与後1，24，48，72時間，7，14および21日に損傷の状態を評価して，可逆性か非可逆性かを判断する。
⑥ 反応の検査は，双眼ルーペ，手持ち式細隙灯生体顕微鏡または他の適切な器具の使用によって円滑に実施する。24時間目の観察を記録後，フルオレセインを用いて眼をさらに検査する。
⑦ 眼刺激性のスコア（評点）は主観的になりやすく眼刺激性反応評価の一致を促進させるため，また試験施設および実験者が観察の実施および理解を容易とするため，採点方法について観察者の適切な訓練が必要である。
⑧ 科学的妥当性および動物福祉の実施を目的として，動物の眼に重度の刺激性を誘起する可能性が高い被験物質の眼刺激性試験を回避あるいは最小限にして，不必要な動物の使用を避ける。

## (2) OECDテストガイドラインNo.405の主な改訂点[2]

(1) 被験物質投与前では，局所麻酔剤（例：プロパラカイン，テトラカイン）と全身性鎮痛剤（例：ブプレノルフィン）による定常的処置。
(2) 被験物質投与後では，全身性鎮痛剤（例：ブプレノルフィンおよびメロキシカム）による定常的処置。
(3) 動物の痛みと苦痛の症状観察。
(4) 眼傷害の観察（性質，程度）および人道的エンドポイント設定。

以下に，上記(1)および(2)局所麻酔剤および全身性鎮痛剤の適用手順を記す。

被験物質投与の60分前に，ブプレノルフィン0.01mg/kg（鎮痛剤）を皮下投与する。

被験物質投与5分前に，両眼に局所麻酔剤（例えば，0.5％塩酸プロパラカインあるいは0.5％塩酸テトラカイン）を1，2滴点眼する。市販局所麻酔点眼剤中の防腐剤が試験結果に影響する可能性を回避するため，防腐剤が添加されていない局所麻酔点眼剤の使用を推奨する。対照眼には，局所麻酔剤のみを投与する。被験物質投与が顕著な苦痛や痛みを誘起すると予期される場合には，動物試験を実施しない。しかしながら，眼刺激性が不明な場合や試験実施が必要な場合には，被験物質投与前に5分間隔で局所麻酔剤の追加点眼の実施を考慮する。その際，局所麻酔剤の複数回使用によって眼刺激の程度がわずかに高くなり，回復が遅くなる可能性に留意する。

被験物質投与8時間後に，ブプレノルフィン0.01mg/kgおよびメロキシカム0.5mg/kgを皮下投与する。なお，メロキシカムが1日1回皮下投与で眼に対する抗炎症性作用を示すというデータはないが，被験物質投与の8時間後まではメロキシカムを投与すべきではない。

被験物質投与8時間以降は，眼所見や痛みおよび苦痛が消失するまで，ブプレノルフィン0.01mg/kgを12時間間隔で皮下投与し，メロキシカムを0.5mg/kg 24時間間隔で皮下投与する。

先行投与の鎮痛剤および局所麻酔剤の効果が不十分な場合には，被験物質投与直後に鎮痛剤の投与を実施する。試験期間中に動物が痛みや苦痛を示した際には直ちに追加の鎮痛剤（緊急用量として0.03mg/kgブプレノルフィン，皮下投与）を投与し，必要に応じて8時間ごとに緊急用量を投与する。0.5mg/kgのメロキシカムは緊急用量のブプレノルフィンと併用し，24時間間隔で皮下投与する。

次に，(3)および(4)観察に関する記載を具体的に示す。

投与後1時間およびその後数日間観察し，眼の損傷の有無を包括的に評価する。投与後3日間は1日に数回観察し，試験終了時期を適宜決定する。試験動物は試験期間中，定期的に苦痛および痛み（例：触れるか擦る，過度の瞬きをする，過度の流涙など）を少なくとも1日2回，6時間以上の間隔で観察し，また必要に応じてそれ以上の頻度で観察する。フルオレセイン染色は定期的に行い，眼の損傷域の検出および計測を適切に判断する（例：角膜潰瘍が認められる時の損傷の深さの検出）。人道的な配慮での安楽殺処分の実施基準を判断する場合には，細隙灯生体顕微鏡を使用する。眼のダメージの範囲を恒久的に記録する目的で，参考資料として傷害部位をデジタルカメラも用いて撮影する。試験動物が人道的な配慮から安楽殺処分にされるべきか，否定的な結果により試験から除外するべきかについては，より頻繁な観察によって判断すべきである。

投与後，以下のような眼傷害を起こした動物は安楽殺させる。角膜の穿孔やぶどう腫を含む角膜の重度の潰瘍形成，前眼房の出血，程度4の角膜混濁，72時間継続する対光反射の消失（虹彩反応；程度2），結膜の潰瘍，結膜または瞬膜の壊死，脱落があげられる。このような病変は一般的に不可逆性である。さらに，21日間の観察終了までに次の眼病変が認められた場合には人道的エンドポイントにて評価される。それらの眼病変は，深い損傷（例：角膜実質層に達する角膜損傷），角膜輪部の損傷が50％以上（結膜組織の蒼白化により評価），重度の眼感染（化膿性の分泌物）であり，これらの眼病変は21日間の観察終了時までに完全に回復することが望めない，あるいは腐食性または強い眼刺激性を示す損傷が引き起こされると考えられる。また，角膜表面への血管新生，フルオレセインによる

染色域（毎日の観察によって縮小しない），あるいは被験物質投与後5日以降に見られる角膜上皮再生の欠落などの複合的所見もまた，早期に試験を終了するための観察項目である。

　強度の眼への影響が認められた場合，早期に試験終了を実施すべきかどうかの判断は，選任獣医師あるいは資格のある実験動物獣医師（あるいは実験動物の病気に熟知した者）に獣医学的試験に関して助言を求める。

　眼刺激性スコアを採点し，その性質および重症度，ならびにその可逆性の有無について化学品の分類および表示に関する世界調和システム（GHS：Globally Harmonized System of Classification and Labelling of Chemicals）の基準に従い評価する。また，個別のスコアは刺激性評価の絶対的な標準とはみなさない。

## まとめ

　本試験法は，医薬部外品や化粧品の安全性評価に欠かせない試験法であることに間違いはない。ただし，ウサギを3匹用いて，すぐに化粧品を目に入れるというような乱暴な実験が許される時代でもない。ウサギを用いた試験の実施前に，段階的試験戦略の一部として被験物質の潜在的眼刺激性・腐食性に関するすべての情報を収集し，評価する必要がある。段階的試験戦略による情報を評価して，強度の刺激性や腐食性が認められる場合には，動物試験を実施すべきではない。その後，麻酔剤を使って慎重に試験していただきたい。TGに示された段階的な試験法戦略に関しては[2]，次章で触れることにする。

●参考文献
1) 小島肇夫：皮膚・粘膜毒性，臓器毒性・毒性試験：新版　トキシコロジー，日本トキシコロジー学会教育委員会編集，pp.246-254，朝倉書店，東京（2009）
2) OECD test guideline（2012）Available at：
http：//www.oecd.org/document/40/0, 3746, en_2649_34377_37051368_1_1_1_1,00.html
3) 最新OECD毒性試験ガイドライン，化学工業日報社，東京（2010）
4) 承認審査の際の添付資料：第3章　医薬部外品の製造販売承認，化粧品・医薬部外品製造販売ガイドブック2008，pp.130-159，薬事日報社，東京（2008）
5) 日本化粧品工業連合会編：化粧品の安全性評価に関する指針（2008年），化粧品の安全性評価に関する指針，pp.1-37，薬事日報社，東京（2008）

# 各論 2　実験動物を用いない眼刺激性評価

## はじめに

　眼刺激性を評価する方法として，前章に示した実験動物を用いる眼刺激性試験に引き続き[1]，実験動物を用いない評価スキームおよび実験動物を用いない動物実験代替法（以下，代替法と記す）についてまとめていきたい。なお，このスキームや代替法は経済協力開発機構（OECD）が公定化しているものの[2,3]，化粧品・医薬部外品の許認可資料として認められていない。

## 1　評価スキーム

　化学物質の眼刺激性の評価スキームは2002年，OECDから発表されている[3]。ただし，これらを評価する場合には，まずヒトや動物におけるデータの有無を調査する必要がある。

　次に，pH／酸あるいはアルカリ度の検討があげられている[2,3]。pH 2未満，11.5より大きい場合には腐食性物質とするとされている。これらのデータがない場合に構造活性相関，物理化学的特性等で評価することが提案されている。

　さらに，バリデーションされた in vitro 試験法で腐食性を判断する。発表時点ではバリデートされた方法はなかったが，2006年以降に3つの代替法に関するテストガイドライン（TG：Test Guideline）が公定化され，現在ではこれらを用いた試験で評価できる[2,3]。TG No.435：*In Vitro* Membrane Barrier Test Method for Skin Corrosion（2006），TG No.430：*In Vitro* Skin Corrosion: Transcutaneous Electrical Resistance Test Method（TER）（2013年改訂），TG No.431：*In Vitro* Skin Corrosion：Reconstructed Human Epidermis（RHE）Test Method（2013年改訂）である[4]。

　これらの試験で陽性（腐食性）の場合にはそれ以降の評価は終了であるが，陰性（非腐食性）と判断された場合には，2009年以降に公定化された以下に示す眼刺激性試験代替法，TG No.437牛摘出角膜の混濁および透過性試験法（Bovine Corneal Opacity and Permeability Test：BCOP法），TG No.438ニワトリの眼球を用いた摘出眼球試験（Isolated Chicken Eye Test Method：ICE法），TG No.460フルオレセイン漏出試験法（Fluorescein leakage test method：FL法）のガイドラインで評価する。これらの試験で陽性（強刺激性）の場合にはそれ以降の評価は終了であるが，陰性（無刺激性）と判断された場合には，1匹のウサギを用いて判断し，疑わしい結果が出た場合には，さらに2匹を追加して評価することになっている。現在の状況に合わせた評価スキームを図1にまとめた。これらをもとに，

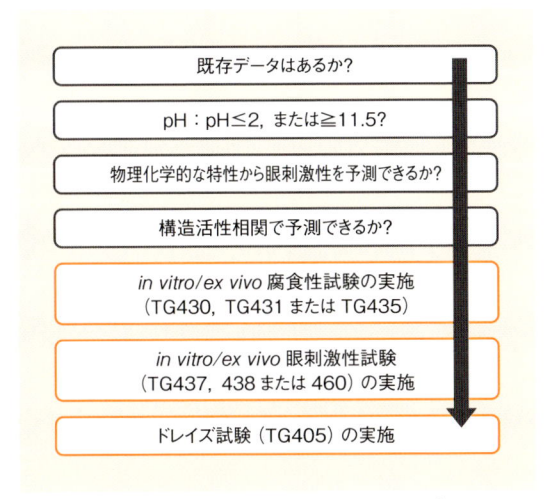

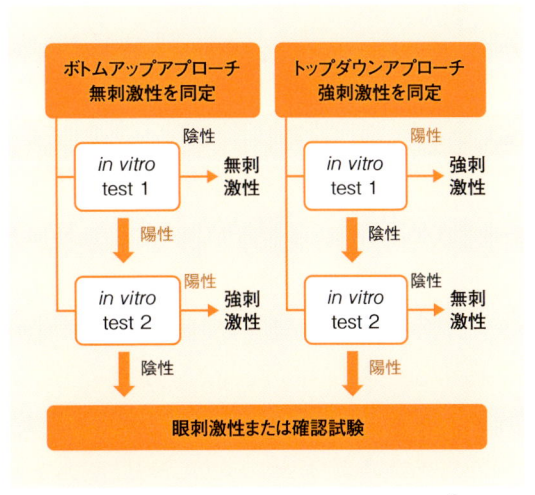

図1 眼刺激性評価のためのフローチャート[2,3]

図2 眼刺激性評価における代替法の組み合わせ[5]

安全性評価のために適切な評価スキームが提案されている[2,3]。

さらに，単一の代替法で眼刺激性を評価できる方法はないことから，代替法の組み合わせを考慮しなければならない。そこで，リーチ（Registration, Evaluation, Authorisation and Restriction of Chemicals：REACH）法の表示のため，代替法や構造活性相関，その他の情報をあわせて評価するIntegrated Testing Strategies (ITS) 評価スキームをEUの専門家が提案している。EURL ECVAM（European Union Reference Laboratory for Alternatives to Animal Testing）が提唱しているその手順を図2にまとめた。ボトムアップアプローチまたはトップダウンアプローチを用いて，代替法を組み合わせて眼刺激性を評価しようという試みである[5]。

その後，OECDのフローチャートでは，最終的に動物実験で評価しなければならない。

## 2　実験動物を用いない腐食性試験

上述した3つの試験法の中で汎用性が高い培養表皮モデルを用いた試験法であるTG No.431について言及する。本テストガイドラインは，2004年に公定化され，2013年および2014年に改訂された。これまでに記載されていたEpiSkin，EpiDerm (EPI-200) に加え，SkinEthics RHE1，EpiCSが新たな皮膚モデルとして追加され，適用時間と細胞生存率による腐食性の分類がなされるとともに，性能標準が記載されたことなどが主な改訂点である。これらは前章で試験法の概要および留意点としてまとめているので，参照されたい[5]。なお，日本で開発されたモデルはTG No.431には含まれず，利用できない。in vitroで腐食性を評価する場合には，市販されているEpiSkinやEpiDermを使用しなければならない。

他のテストガイドラインについては，TG No.435に記載されたCORROSITEXというキットを海外から輸入しなければならない（日本に販売先がない）。TG No.430に記載された摘出皮膚の入手が海外からの輸入品となり，安価かつ容易に実験ができないなどの理由から，日本における汎用性は高くな

いと考えている。

## 3 眼刺激性試験代替法

　BCOP法およびICE法は，2003年から2006年のNICEATM（NTP Interagency Center for the Evaluation of Alternative Toxicological Methods）/ICCVAM（Interagency Coordinating Committee on the Validation of Alternative Methods）による回顧的なバリデーションを経て，トップダウンアプローチにおける重篤な眼の傷害を起こす化学物質UN（United Nations）GHS（Globally Harmonized Systems of Classification and Labeling）区分1，US（United States）EPA（Environmental Protection Agency）区分1等を同定するための試験法として2009年にOECD TG No.437およびTG No.438として採択された。

　さらに，2006年から2009年にかけ，両試験は，ボトムアップアプローチにおける眼刺激性物質とは分類されない物質（以下，区分外物質）の同定法として，回顧的なバリデーションが行われた。この結果を受け，2013年，BCOP法およびICE法がボトムアップアプローチでの区分外物質の同定法として，正式にTG No.437およびTG No.438に改訂された。また，どちらのアプローチにおいても，本試験法の適用物質に制限を設ける必要はないと判断された。BCOPに関しては，JaCVAMでの評価に続き[8]，平成26年2月4日付で「眼刺激性試験代替法としての牛摘出角膜の混濁および透過性試験法（BCOP）を化粧品・医薬部外品の安全性評価に資するためのガイダンス」が厚生労働省から発出されている[9]。

　一方，FL法は，その傷害を測るために，透過性インサートの薄膜上にMadin-Darby Canine Kidney（MDCK）細胞，すなわちMDCK-CB997尿細管上皮細胞を単層培養して，コンフルエント状態になっているモデルを用いる。試験では，単層培養した細胞間の通過するフルオレセインナトリウム（sodium fluorescein；Na-F）の量を測って，短時間の被験物質曝露による毒性発現を評価する。このNa-F漏出量は，化学的に引き起こされた細胞間結合の損傷に比例することから，被験物質の眼刺激性が評価できる。FL試験法の偽陽性率は，水溶性で眼腐食性・強度眼刺激性の化合物に限定したとき，7％（GHS：7/103）から9％（EPA）である。FL法は限定された物質において，トップダウン方式の最初の段階で用いることが許される試験法である。これらの比較を**表1**に示した。

　その他の試験法として，OECDのワークプランの中でTG化の検討が進んでいる，①EURL ECVAMで回顧的なバリデーションが実施されたサイトセンサーマイクロフィジオメーター試験，②花王が開発し，日本でバリデーションが実施された細胞毒性試験，短時間曝露（Short Time Exposure）法がある。さらに，まだバリデーションまたはその前段階にある③EURL ECVAMでのバリデーションが進んでいる培養角膜モデル EpiOcular および SkinEthics RHE を用いた試験法，④日本でバリデーションが進んでいる細胞毒性試験SIRC-CVS，⑤培養角膜モデル LabCyte Cornea-Model を用いた試験法，⑥コラーゲンビトリゲルを用いた試験法Vitrigel-EIT など，多くの試験法の検討が進んでいる[8]。これらの詳細は公定化されていないことから，紹介のみの記載に留めた。

表1 眼刺激性試験代替法の比較[2, 3)]

| | TG437 | TG438 | TG460 |
|---|---|---|---|
| 実験材料 | 牛摘出角膜 | 鶏摘出眼球 | MDCK-CB997細胞 |
| 指標 | 角膜の混濁および透過性 | 角膜の腫脹，混濁および透過性 | 細胞単層とインサートを通過したフルオレセイン量 |
| 被験物質処理濃度および時間 | 液体の場合は原液（100%，ただし界面活性剤の場合は10%希釈液），固体の場合は20%の溶液または懸濁液を，それぞれ10分間，または4時間 | 液体，固体にかかわらず，原体適用，240分まで観察，透過性は適用30分後 | 種々の濃度，1分間 |
| 予測モデル | 透過度としてフルオレセインナトリウムの透過度（$OD_{490}$）を測定する。これら2つの測定値を以下の計算式にあてはめ IVIS 値を算出する。<br>IVIS ＝ mean opacity ＋（15×mean $OD_{490}$）<br>IVIS の値が3以下の場合，その被験物質は GHS 区分外物質と判断され，IVIS の値が55を超える場合は区分1と判断される。 | 上記の指標が，総合的な評価基準となる Irritation Index として使用され，最終評価する。 | 20%漏出に対応する用量$FL_{20}$は，用量反応曲線の直線補間で求める。すなわち，20%より小さい%FL 値Bとそれをもたらしている用量$M_B$，および20%より大きい%FL 値Cとそれをもたらしている用量$M_C$を調べ，次式で計算する。<br>$FL_{20}＝[(20－B)/(C－B)]×(M_C－M_B)＋M_B$<br>眼腐食性・強度眼刺激性の予測においては，$FL_{20}≦100mg/mL$ のとき，区分1と判定される。 |
| 適用対象 | 制限なし | 制限なし | 水溶性で，希釈によって毒性が変わらない強度眼刺激性物質 |
| 適用範囲 | 重篤な眼の傷害を起こす化学物質を同定する場合（トップダウンアプローチ）および眼刺激性区分外の化学物質を同定する場合（ボトムアップアプローチ） | トップダウンアプローチおよびボトムアップアプローチ | トップダウンアプローチ |
| 適用限界 | トップダウンアプローチの場合，アルコール・ケトン類に対し高い偽陽性率，ボトムアップアプローチの場合はない。 | トップダウンアプローチの場合，アルコール類に対し高い偽陽性率，ボトムアップアプローチの場合はない。 | 強酸・強塩基・定着薬・強揮発性物質 |
| 習熟度達成物質数 | 13 | 13 | 8 |

## 4 眼刺激性試験

OECD 試験TG No.405 ウサギを用いた急性刺激性・腐食性試験テストガイドライン[1)]については，動物福祉への配慮を目的として2012年に改訂された。本改訂によりウサギを用いた眼刺激性試験を実施する際には，動物の痛みと苦痛の軽減が重要とされている。以下に改訂の要点を示す。

1) 被験物質投与前に，局所麻酔薬（例：プロパラカイン，テトラカイン）と全身性鎮痛薬（例：ブプレノルフィン）による定常的前処置。
2) 被験物質投与後では，全身性鎮痛薬（例：ブプレノルフィンおよびメロキシカム）による定常的処置。
3) 動物の痛みと苦痛の症状の計画観察，モニタリングおよび記録。
4) すべての眼傷害の（性質，程度および進行状況）計画観察，モニタリング，記録および人道的エンドポイント設定。

なお，人道的エンドポイント（Humane Endpoint）とは，動物実験における強い痛み，苦痛，感染症罹患または瀕死期の判断基準を指す。

## まとめ

現状では，実験動物を用いない代替法で有害性の同定はともかく，リスクを評価できる実験動物を用いない代替法はない。

よって，現時点で腐食性および眼刺激性を評価する代替法はあるものの，これらは有害性を同定する試験法でしかない。これらの代替法を用いて新規成分の原体における有害性がないことを証明できれば化粧品・医薬部外品の承認申請の眼刺激性試験結果として利用できるかもしれないと考えている。

●参考文献
1) 小島肇夫：安全性評価試験(22) 実験動物を用いる眼刺激性試験，COSME TECH JAPAN，3(8)，67-71(2013)
2) OECD test guideline (2012) Available at: http://www.oecd.org/document/40/0, 3746, en_2649_34377_37051368_1_1_1_1,00.html
3) 「最新OECD毒性試験ガイドライン」，化学工業日報社，東京(2010)
4) 小島肇夫：安全性評価試験(25) 実験動物を用いない皮膚一次刺激性評価，COSME TECH JAPAN，3(11)，36-39(2013)
5) Scott, L., Eskes, C., Hoffmann, S., Adriaens, E., Alepee, N., Bufo, M., Clothier, R., Facchini, D., Faller, C., Guest, R., Harbell, J., Hartung, T., Kamp, H., Le Varlet, B., Meloni, M., McNamee, P., Osborne, R., Pape, W., Pfannenbecker, U., Prinsen, M., Seaman, C., Spielman, H., Stokes, W., Trouba, K., Berghe, C., Goethem, F., Vassallo, M., Vinardell, P., Zuang, V.: A proposed eye irritation testing strategy to reduce and replace in vivo studies using Bottom-Up and Top-Down approaches, *Toxicology in Vitro*, **24**, 1-9(2010).
6) Globally Harmonized System of Classification and Labelling of Chemicals(GHS)(2011)
Available at: http://www.unece.org/fileadmin/DAM/trans/danger/publi/ghs/ghs_rev04/English/ST-SG-AC10-30-Rev4e.pdf#search='GHS+WHO+classification
7) EPA. 1998. Health Effects Test Guideline, OPPTS 870.2400 Acute Eye Irritation. EPA 712-C-98-195. Washington, DC: U.S. Environmental Protection Agency.
8) JaCVAM (2013) Available at: http://www.jacvam.jp/
9) 薬食審査発0204第1号「眼刺激性試験代替法としての牛摘出角膜の混濁および透過性試験(BCOP)を化粧品・医薬部外品の安全性評価に資するためのガイダンス」(平成26年2月4日)

# 各論 3 実験動物を用いる皮膚一次刺激性試験

## はじめに

　化粧品・医薬部外品における皮膚刺激性試験とは，化粧品成分や製品の皮膚刺激性の有無や強度を知る上で重要な試験法である．ヒトでの試験を行う場合の濃度設定のためにも，被験者に過度の苦痛を与えない濃度を選択するために大切な試験法である[1]．これまで，動物個体を用いて皮膚一次刺激性を検出する方法として，ドレイズ試験が汎用されてきた[2,3]．一方で，動物実験の3Rsの普及を受け，動物実験代替法（以下，代替法）の開発が盛んに行われてきた方法でもある．しかし，開発およびバリデートされた代替法である経済協力開発機構（OECD）のテストガイドライン（TG：Test Guideline）No.439 *In Vitro* Skin Irritation: Reconstructed Human Epidermis Test Method[3]は皮膚刺激性の有無という有害性を同定する方法であり，十分に皮膚一次刺激性のリスクを評価できない．さらに，本章では触れないが連続皮膚刺激性試験に関しては，まったく代替法の開発がなされていない．

　よって，現状では，化粧品・医薬部外品の許認可において，皮膚刺激性試験のリスクを評価するためには動物実験は欠かせない．本章では，この実験動物を用いる皮膚一次刺激性試験法の具体的な手法を確認していきたい．

# 1 試験法

## （1）試験法の紹介

　化学物質の皮膚毒性は経皮毒性と局所毒性に分類される[4]。前者は皮膚に曝露された化学物質が吸収されたために示す全身毒性である。一方、後者は化学物質に曝露された皮膚の局所傷害である。接触皮膚炎と総称される。これらは、刺激性皮膚炎と感作性皮膚炎に大別され、刺激性は一次刺激性と光毒性、連続皮膚刺激性に分類される。刺激性皮膚炎とは、免疫の関与しない皮膚炎であり、刺激性が一定の限界を越えると誰にでも生じる。この場合、化学物質の刺激性の強弱はもとより、濃度、接触時間、量、そして個人の皮膚刺激性に対する抵抗性などが大きく関与する。これらの作用機序は、細胞膜破壊、細胞変性、重要な酵素系の障害などと推察されている[1, 5]。

　これらのうち、実験動物を用いる皮膚一次刺激性試験とは、化学物質による単回適用により生じる皮膚一次刺激性皮膚炎を紅斑、浮腫、落屑などの変化を指標とする皮膚反応で評価する試験法である[6]。なお、このほかに、化学物質によって引き起こされる蕁麻疹、ざそう、色素沈着異常などが皮膚毒性としていわれている。

## （2）試験法の概要

　主な試験法の共通点を以下にまとめた。医薬部外品等のガイドラインの主な相違点を**表1**に示す[2,3,6,7]。化粧品・医薬部外品の資料の試験法間には大きな差異はないが、これらとOECDのTGとの間には大きな違いがある。第1に、TG No.404 Acute Dermal Irritation/Corrosionは4時間の半閉塞貼布における皮膚一次刺激性をとらえる試験法であるが、化粧品・医薬部外品の資料では24時間の開放塗布または閉塞貼布を求めている。第2に、OECD TG No.404は動物1匹ずつを用いて、1分から4時間まで連続的な適用を経て、腐食性（非可逆的な組織損傷による皮膚炎）を含む皮膚刺激性を段階的に確認する手順を踏んでいるが、化粧品・医薬部外品の資料では一度に3匹以上の動物への適用を求めており、動物福祉の面から時代遅れである。最後に、OECD TG No.404は皮膚一次刺激性という有害性を同定する試験法であるが、化粧品・医薬部外品の資料は皮膚一次刺激性という刺激性の強弱だけでなく、濃度、接触時間、量によるリスクも評価する試験法である。これらを念頭におくならば、OECD TG No.404の結果は、化粧品・医薬部外品の結果の参考資料にしかならないものである。

1）**動物**

　若齢成熟白色ウサギを用いる。

2）**動物数**

　1群、1〜3匹とする。

3）**皮膚状態**

　除毛健常皮膚

4）**投与面積および用量**

　6 cm$^2$の部位に液体で0.5mL、固体または半固形で0.5g程度を貼布する。

表1 皮膚刺激性試験の比較

|  | OECD テストガイドライン No.404[2] | 医薬部外品の承認申請資料[4] | 化粧品の安全性評価試験法[5] |
|---|---|---|---|
| 試験動物 | 若齢成熟白色ウサギ | 若齢成熟白色ウサギまたは白色モルモット | 若齢成熟白色ウサギまたは白色モルモット |
| 動物数 | 1匹，3分，1時間，4時間の連続適用により，いずれかで腐食性または強い刺激性物質である場合は終了，腐食性作用が観察されない場合には，最大2例の追加動物で刺激反応の有無を確認する。 | 1群3匹以上 | 1群3匹以上 |
| 皮膚 | 除毛健常皮膚 | 除毛健常皮膚。なお，損傷皮膚での用途を訴求する場合，損傷皮膚でも実施する。 | 除毛健常皮膚。なお，損傷皮膚での用途を訴求する場合，損傷皮膚でも実施する。 |
| 投与面積および用量 | 6cm$^2$の部位に液体で0.5mL，固体または半固形で0.5g程度を塗布する。 | 皮膚一次刺激性を適切に評価し得る面積および用量（面積にもよるが，通常，開放の場合は流れ落ちない程度である0.03mL／2cm×2cm，閉塞貼付の場合は6cm$^2$（約2.5cm×2.5cm）の部位に液体で0.5mL，固体または半固形で0.5g程度とし，さらに投与面積に応じて投与量を増減する。 | 適切に評価し得る面積および用量（面積にもよるが，通常，開放の場合は流れ落ちない程度である0.03mL／2cm×2cm，閉塞貼付の場合は6cm$^2$（約2.5cm×2.5cm）の部位に液体で0.5mL，固体または半固形で0.5g程度とし，さらに投与面積に応じて投与量を増減する。 |
| 投与濃度 | 液体は非希釈。固体は，皮膚接触を確実にするために十分な最少量の水で湿らせる。 | 皮膚一次刺激性を適切に評価するため，無刺激性を示す濃度が含まれるよう数段階設定する。 | 皮膚一次刺激性を適切に評価するため，無刺激性を示す濃度が含まれるよう数段階設定する。 |
| 投与経路または方法 | ガーゼパッチで被覆し，非刺激性テープで4時間固定する。 | 24時間の開放または閉塞貼付 | 経皮，開放塗布または閉塞貼付（24時間） |
| 投与後の処置 | 残存する被験物質を既存の反応または表皮の完全性を変化させることなく，水または適切な溶媒を用いて除去する。 | 無処置とするが，必要に応じて洗浄等の操作を行ってもよい。 | 必要に応じて洗浄等の操作を実施 |
| 観察 | パッチ除去後，60分，24，48および72時間後に採点する。 | 投与後，24，48および72時間後に投与部位の肉眼的観察を行う。 | 投与後，24，48および72時間後に投与部位の肉眼的観察を行う。 |
| 判定・評価 | 使用する採点システムにより判定する。 | 皮膚一次刺激性を適切に評価し得る採点法により判定する。 | 適切に評価し得る採点法により判定・評価する。 |

5）観察

投与後，24，28および72時間後に投与部位の肉眼的観察を行う。

# 2 試験法の注意点

①皮膚一次刺激性試験を行う前に，被験物質の物理化学的性質，構造活性相関または *in vitro* 試験の結果等から腐食性や強い刺激性が懸念される場合には，適用濃度を薄める等の措置が必要である[6]。

②被験物質が有する（原体の）皮膚一次刺激性について確認し，軽度の皮膚刺激性が観察される濃度および観察されない濃度から，適用濃度での安全性が確認されれば，必ずしも適用濃度の設定は必要ない[6,7]。

③比較対照としてすでに医薬部外品または化粧品に配合されている成分を用い，相対評価が可能な濃度で試験を実施することにより，安全性を確認する方法もある[6,7]。

④液体の被験物質を原体にて適用する場合は非希釈で使用するが，固体の場合，良好な皮膚接触を確実にするために十分な最少量（おおむね1：1が限度）の水または必要に応じて別の適切な溶媒で

湿らせる。この溶媒を陰性対照として用いるので，皮膚刺激性は最小となるものを選択すべきである[2,3]。

⑤被験物質を希釈して数段階適用する場合には，④に示す適切な溶媒を用いて，用時調製したものを（調製後，できれば1時間以内）使用すべきである。

⑥動物福祉を考慮するならば，OECD TG の手法を参考に[2,3]，段階的な手順を用いて本試験を行うべきである。化粧品・医薬部外品の試験は，OECD TG No.404による試験法戦略を経て腐食性や強い皮膚刺激性物質をスクリーニングした後，皮膚刺激性のリスクを評価するために実施されるべきである。

⑦多数の化粧品成分等の皮膚刺激性検討から，皮膚刺激の感受性は，ウサギが最も高く，次いでモルモット，ヘアレスマウス，ヒトの順に減少する[1]。すなわち，これらの動物の皮膚刺激性はヒトよりも感受性が高いことを意味しており，動物実験はヒトパッチと比較するならば，偽陽性が出やすい試験法であることになる。なお，マウスやラットは皮膚刺激性に対する紅斑反応の評価が困難であり，この種の試験に適さない。

⑧ヒトでは汗腺が発達しているため，動物では皮膚刺激性が生じにくい界面活性剤が汗成分と塩を形成して刺激性を生じるなどの生理的な相違に注意が必要である[1]。また，ヒトでは蒸留水に皮膚刺激性を生じるケースがしばしばあるが，動物では見られない[1]。以上の理由から，物性により種差における皮膚反応が異なることを認識する必要がある。

⑨上記③，⑦，⑧を合わせ考えると，動物の皮膚一次刺激性は安全性が確認されている化粧品成分や製品との相対評価でリスク評価をすることに適している。単独物質での試験結果からリスクを評価することに向いている試験ではない。

⑩ヘアレスモルモットは安定な入手が困難であり，ルーチンの試験には不向きである。よって，ウサギやモルモットの毛刈り方法が重要な手法の注意点である。ウサギはヘアサイクルが成長期の場合には（アイランドスキン），毛が密生して容易にバリカンがあてられないばかりか，被験物質も貼布が困難となる。毛刈りの際，ウサギの固定が必要である。以上の理由から，モルモットのほうが試験に使いやすい[1]。

⑪毛刈りとは，バリカンによる刈毛後にバリカンや剃刀による剃毛を合わせて行うことを意味している。刈毛だけでは被験物質の接触性が悪くなるので，貼布する場合には，事前に毛の状態から適切に剃毛がなされていることを確認すべきである。この過程で被験物質の適用部位を傷つけないことはいうまでもない。

⑫皮膚反応の観察は，主観的となる。試験施設および関係者が観察を行う人員を適切に訓練する必要がある[2,3]。また，除毛しきれていない毛が判定をじゃまする可能性もある。適用部位を悪化させないように毛刈りし，周囲の物理的な紅斑が治まった後に判定する。

⑬作用の可逆性を決定するためには，パッチ除去後に最大14日間観察する。可逆性が14日以前に見られた場合はその時点で終了とする[2,3]。

## まとめ

　繰り返しになるが，実験動物を用いる皮膚一次刺激性試験は，化粧品や医薬部外品の安全性評価に欠かせない試験法である．ただし，ウサギやモルモットを3匹用いて，すぐに化粧品成分や製品を皮膚に適用しようという乱暴な実験が許される時代でもない．ウサギを用いた試験の実施前に，OECD TGに示すような段階的試験戦略の一部として被験物質の潜在的腐食性・皮膚刺激性に関するすべての情報を収集し，評価する必要がある．段階的試験戦略による情報を評価して，強度の皮膚刺激性や腐食性が認められる場合には動物試験を実施すべきではない．その後，慎重に動物実験して皮膚一次刺激性を評価していただきたい．OECD TGに示された段階的な試験法戦略に関しては[2,3]，次章以降に触れることにする．

●参考文献
1) 岡田穣伸：皮膚一次刺激性試験，皮膚刺激性・感作性試験の実施法と皮膚性状計測および評価，pp.21-24，技術情報協会，東京（1999）
2) OECD test guideline（2012）Available at: http://www.oecd.org/document/40/0, 3746, en_2649_34377_37051368_1_1_1_1,00.html
3) 最新OECD毒性試験ガイドライン，化学工業日報社，東京（2010）
4) 小島肇夫：皮膚・粘膜毒性，臓器毒性・毒性試験，新版　トキシコロジー，日本トキシコロジー学会教育委員会編集，pp.246-254，朝倉書店，東京（2009）
5) 小林敏明，市川秀之，板垣宏：皮膚毒性，機能毒性学，pp.268-302，地人書館，東京（1997）
6) 日本化粧品工業連合会編：化粧品の安全性評価に関する指針（2008年），化粧品の安全性評価に関する指針，pp.1-37，薬事日報社，東京（2008）
7) 承認審査の際の添付資料：第3章　医薬部外品の製造販売承認，化粧品・医薬部外品製造販売ガイドブック2008，pp.130-159，薬事日報社，東京（2008）

# 各論 4 実験動物を用いない皮膚一次刺激性評価

## はじめに

前章の実験動物を用いる皮膚一次刺激性試験[1]に引き続き，皮膚刺激性を評価する方法として，実験動物を用いない評価スキームおよび実験動物を用いない動物実験代替法（以下，代替法と記す）についてまとめていきたい。なお，これらのスキームや代替法は，経済協力開発機構（OECD）が公定化しているものの[2,3]，化粧品・医薬部外品の許認可資料として認められていない。

## 1 評価スキーム

化学物質の皮膚腐食性／刺激性の評価スキームは1998年，OECDから発表され，2002年に改訂されている[2,3]。ただし，これらを評価する場合には，まずヒトや動物における既存のデータ調査が必要である。これらのデータがない場合に構造活性相関で評価することが提案されている。Barratは酸，塩基，フェノール，有機酸，中性有機物，塩基性有機物など種々の分類の化学物質において，オクタノール／水の分配係数，分子量，融点，解離定数などを主成分分析したところ，よい予測性が得られたという報告をしている[2]。次に，pH／酸あるいはアルカリ度の検討があげられている[2]。pH2未満，11.5より大きい場合には腐食性物質とするとされている。pHと酸／アルカリ度を組み合わせ，皮膚腐食性と比較したところ，よい一致性が認められたという報告もある[2]。

さらに，バリデーションされた*in vitro*試験法で腐食性を判断する[2]。発表時点ではバリデートされた方法はなかったが，2006年以降に3つの代替法に関するテストガイドライン（TG：Test Guideline）が公定化（2013年に改訂）されていることから，現在ではこれらを用いた試験法で評価できる[2,3]。TG No.435：*In Vitro* Membrane Barrier Test Method for Skin Corrosion（2006），TG No.430：*In Vitro* Skin Corrosion：Transcutaneous Electrical Resistance Test Method（TER）（2013年改訂），TG No. 431：*In Vitro* Skin Corrosion: Reconstructed Human Epidermis（RHE）Test Method（2013年改訂）である。

これらの試験法で陽性（腐食性）の場合にはそれ以降の評価は終了であるが，陰性（非腐食性）と判断された場合には，2010年以降に公定化された皮膚刺激性試験代替法TG No.439：*In Vitro* Skin Irritation: Reconstructed Human Epidermis Test Method（2013年改訂）のガイドラインで皮膚刺激性を評価する。この試験法で陽性（刺激性）の場合にはそれ以降の評価は終了であるが，陰性（無刺激

## 実験動物を用いない皮膚一次刺激性評価

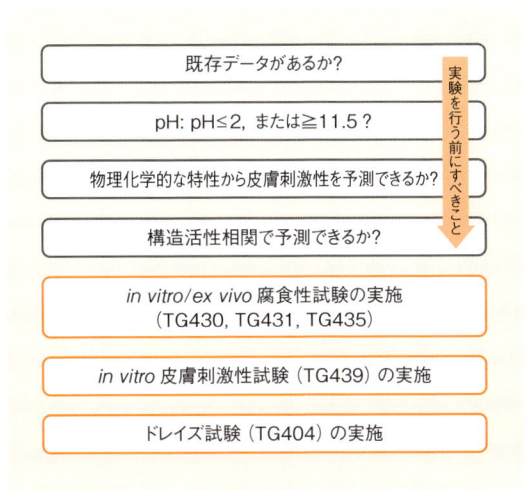

**図1 皮膚刺激性／腐食性評価のためのフローチャート**

フローチャート内容：
- 既存データがあるか？
- pH: pH≦2，または≧11.5？
- 物理化学的な特性から皮膚刺激性を予測できるか？
- 構造活性相関で予測できるか？

（実験を行う前にすべきこと）

- *in vitro/ex vivo* 腐食性試験の実施（TG430, TG431, TG435）
- *in vitro* 皮膚刺激性試験（TG439）の実施
- ドレイズ試験（TG404）の実施

**表1　培養表皮モデルを用いた試験法の比較**

|  | TG431 | TG439 |
|---|---|---|
| 対象毒性 | 腐食性 | 皮膚刺激性 |
| 記載キット | EpiSkin™, EpiDerm™（EPI-200），SkinEthic™ RHE1, epiCS® | EpiSkin, SkinEthcs, EpiDerm, LabCyte EPI MODEL |
| 指標 | MTT アッセイによる細胞毒性 | MTT アッセイによる細胞毒性 |
| 処理時間 | 3分，1時間，4時間（EpiSkinのみ） | 15〜60分 |
| 回復時間 | なし | 42時間 |
| 予測モデル | 生存率15および50%で腐食性評価，生存率35%で評価（EpiSkinのみ） | 生存率50%でGHS基準2.3を区分 |
| 習熟用物質 | 12 | 10 |

性）と判断された場合には，1匹の動物を用いて判断し，さらに疑わしい結果が出た場合にはさらに2匹を追加して評価することになっている。現在の状況に合わせた評価スキームを図1にまとめた。これらをもとに，化学物質における安全性評価のために適切な評価スキームが提案されている[2]。

## 2　培養表皮モデルを用いた腐食性試験

　上述したように，腐食性試験代替法として，上記した3つの試験法が公定化されているが，それらの中で汎用性が高い培養表皮モデルを用いた試験法である TG No.431について言及する。本テストガイドラインは，2004年に公定化され，2013年および2014年に改訂された。これまでに記載されていたEpiSkin, EpiDerm（EPI-200）に加え，SkinEthics RHE1, EpiCS という新たな2つのヒト培養表皮モデルが追加された。適用時間と細胞生存率により腐食性の分類がなされるとともに，性能標準が記載されたなどが2013年の主な改訂点である。その要点を表1に示す。なお，日本で開発されたモデルである LabCyte EPI-MODEL，Vitrolife-Skin および Testskin 等は TG No.431に記載はなく，行政的には本評価に利用できない。*in vitro* で腐食性を評価する場合には，市販されている EpiSkin や EpiDerm を使用しなければならない。

　他のテストガイドラインについては，TG No.435に記載された CORROSITEX というキットを海外から輸入しなければならない（日本に販売先がない）。TG No.430に記載された摘出皮膚の入手が海外からの輸入品となり，安価かつ容易に実験ができないなどの理由から，日本における汎用性は高くない。

　TG No.431に記載された培養表皮モデルの中で，EpiSkin は適用時間（3分，1時間，4時間）および細胞生存率（35%）を判断基準としており，他のモデルと比較してその条件は異なる。他のモデルでは適用時間3分における細胞生存率50%，1時間における細胞生存率15% を腐食性の判断基準としている。

　以下に TG No.431試験法の留意点を示す。

①本試験法は，短時間処理後の細胞生存率によって腐食性の有無を評価できる試験法であり，比較的施設内・施設間再現性が高い試験法である。
②これらのモデルを用いて試験を実施する場合では，TGに記載されている習熟物質を用いてすべての物質に適切な結果が得られるような技術導入を図るべきである。
③TG No.431に記載された以外のモデルを用いた場合，in houseでの使用はともかく，バリデーションがなされておらず，行政的な受入れ試験法としては認められない。
④培養表皮モデルは自家製でも構わないが，標準作業手順書に基づいて作製されたモデルが経時的に品質管理されていることを条件に用いられるべきである。
⑤腐食性や強い皮膚刺激性に関する事前の情報がなければ，本試験法を実施したのち，腐食性がない場合に動物実験がなされるような計画が立案されるべきである。

## 3　培養表皮モデルを用いた皮膚刺激性試験

皮膚刺激性試験代替法としては，TG No.439は2010年に公定化され，これまで記載されていた培養表皮モデルに加えて，2013年にLabCyte EPI-MODEL（ジャパン・ティッシュ・エンジニアリング製）が加わって改訂されている。EpiSkinおよびLabCyte EPI-MODELの操作手順を図2に示す。また，表1にTG No.431と比較した主な要点をまとめている。適用時間15〜60分後に42時間の後培養した後における細胞生存率50%を皮膚刺激性の判断基準としている。

以下にTG No.439試験法の留意点を示す。これらの試験法に関しては，JaCVAMの皮膚刺激性評

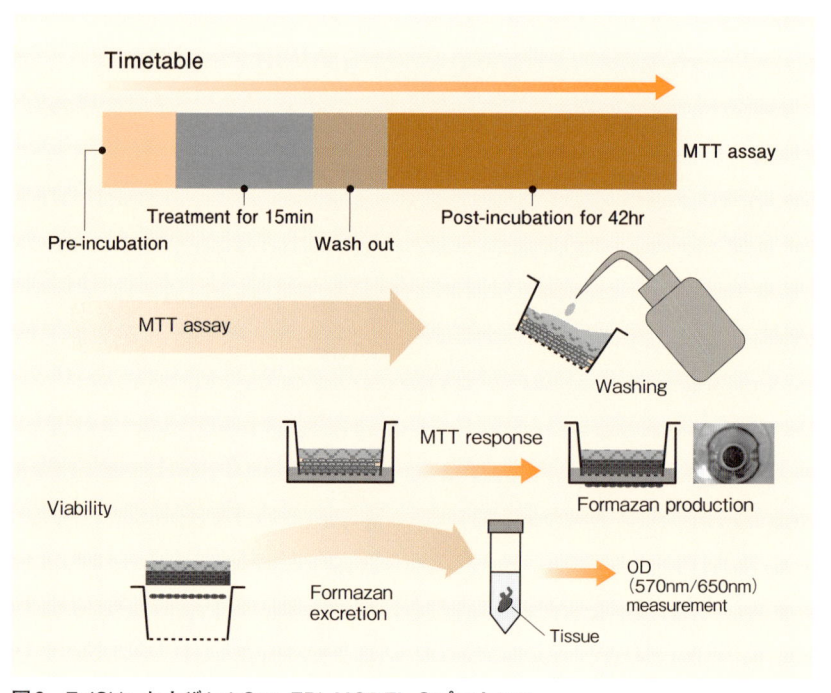

図2　EpiSkinおよびLabCyte EPI-MODELのプロトコル

価委員会が作成した資料に詳しく記載されている[4]。

①本試験法は，被験物質の適用後，後培養時間が伴う。被験物質を洗い流す作業が必要であることから，技術移転が容易な試験法であるとは言い難い。

②これらのモデルを用いて試験を実施する場合では，TGに記載されている習熟物質を用いてすべての物質に適切な結果が得られるような技術導入を図るべきである。

③TG No.439に記載された以外のモデルを用いた場合，in houseでの使用はともかく，バリデーションがなされておらず，行政的な受入れ試験法としては認められない。

④培養表皮モデルは自家製でも構わないが，標準作業手順書に基づいて作製されたモデルが経時的に品質管理されていることを条件に用いられるべきである。

⑤腐食性や強い皮膚刺激性に関する事前の情報がなければ，本試験法を実施したのち，強い皮膚刺激性がない場合に動物実験がなされるような実験計画がなされるべきである。

⑥TG No.439は4時間貼布における動物やヒトの皮膚刺激性試験の代替法とされている。よって，化粧品や医薬部外品の安全性試験に用いられる24時間貼布の皮膚刺激性を予測できない。

## まとめ

上述したように，現時点で腐食性および皮膚刺激性を評価する代替法はあるものの，国連の定めたUN（United Nation） GHS（Globally Harmonized System of Classification and Labelling of Chemicals）基準[5]に準じた有害性を同定する試験法でしかなく，化粧品・医薬部外品の安全性評価に使用できるものではない。特に，化粧品・医薬部外品の承認申請に必要な情報は，24時間貼付における皮膚刺激性のリスクを評価する試験法の結果である。現状では，代替法において4時間貼付の有害性の同定はともかく，リスクを評価できる方法ではなく，承認申請資料として利用できる動物実験を用いない代替法は存在しない。

可能性があるとすれば，原体で腐食性はもちろん，弱い皮膚一次刺激性もまったくないと判断された場合（現状で把握できる有害性がまったくない場合），リスク評価を行う必要がないので動物実験を省略できる可能性が高くなる。ただし，24時間貼付で皮膚刺激性が現れるリスクがあるため，動物実験を経ずにヒトパッチを実施する場合には，倫理委員会の許可を得て，貼付時間や適用濃度を慎重に考慮してパッチテストを行うべきである。

● 参考文献
1) 小島肇夫：安全性評価試験（23）実験動物を用いる皮膚一次刺激性試験，COSME TECH JAPAN，3(9)，81-84(2013)
2) OECD test guideline (2012) Available at: http://www.oecd.org/document/40/0, 3746, en_2649_34377_37051368_1_1_1_1,00.html
3) 最新OECD毒性試験ガイドライン，化学工業日報社，東京 (2010)
4) JaCVAM (2013) Available at: http://www.jacvam.jp/
5) Globally Harmonized System of Classification and Labelling of Chemicals (GHS) (2011) Available at: http://www.unece.org/fileadmin/DAM/trans/danger/publi/ghs/ghs_rev04/English/ST-SG-AC10-30-Rev4e.pdf#search = 'GHS + WHO + classification'

## 各論 5 パッチテスト

### はじめに

　ヒトパッチテストは，化粧品，医薬部外品の評価方法の中で重要な試験法であるが，一方で，多くの方に理解がなされていない試験の1つと考える。パッチテストも予知パッチと診断パッチに分かれるが[1, 2]，予知パッチは複数の被験者の協力を得て，成分や製品の皮膚一次刺激性を評価する安全性試験である。そのため幅広いボランティアへの倫理面の配慮が重要となることをよく認識しなければいけない。

　成分や製品の安全性評価は，安全性の担保のために実施される。パッチテストは *in silico*，動物実験代替法，あるいは実験動物を用いた安全性試験の終了後に実施される確認試験である。医薬部外品の許認可においても，臨床試験にあたる使用試験は主剤以外で要求されておらず，確かめようがないことから，重要な情報が得られる試験であることに変わりはない。

### 1 パッチテスト方法

　医薬部外品，化粧品および海外の試験法テストガイドラインには，表1に示す記載がなされている[3〜5]。日本とICDRG基準の判定基準を表2にまとめた[1,2]。医薬部外品の申請においては，必ず表1および表2の内容が遵守されるべきである。これらの表の中には，パッチチャンバーの種類や被験物質の適用量，男女比，季節差，製品貼布の問題点などは語られていないが，これらも重要な問題である。成書で確認されたい[1, 2, 6, 7]。特に，製品のなかには閉塞貼付してはいけない揮発性成分を含む場合もある。これらは揮発成分を飛ばすため30分〜1時間放置後に閉塞貼付するか，開放塗布するべきである。成分や製品の単純な調製ミスを除き，この事故が最も多いと考える。

### 2 留意点

　パッチテストの技術的な留意点についてはこれらをまとめた成書を参考にしていただきたい[1, 2, 6, 7]。これらは1970〜1990年代に多く検討され，種々の検討の末，方法が確立されている。本章では，2000年以降に日本接触皮膚炎学会に設立された皮膚刺激性研究会で検討された内容を中心に記載する。

表1 ヒトパッチテストの比較

|  | 医薬部外品添付資料[3] | 化粧品業界基準[4] | 海外における一般的な方法[5] |
| --- | --- | --- | --- |
| 対象 | 日本人40例以上 | 成人40例以上 | 25名 |
| 投与濃度 | 使用時濃度を考慮して数段階 | 必要に応じて数段階 | 明記なし |
| 適用時間 | 24時間 | 24時間 | 4〜48時間 |
| 適用回数 | 1 | 1 | 1 |
| 貼付部位 | 上背部(正中線は除く) | 経皮，上背部，または上腕あるいは前腕 | 背部または上腕 |
| 貼付方法 | 閉塞 | 閉塞，強い刺激性が予想される場合には，必要に応じて開放 | 閉塞または半閉塞，重大な刺激性ポテンシャルが示唆される場合，半開放または開放 |
| 対照物質 | 溶媒対照または生理食塩水，蒸留水は浸透圧によって皮膚反応を生じる場合があるため，ふさわしくない | 溶媒対照または生理食塩水 | 1種類またはそれ以上の対照物質 |
| 観察 | 除去後の一過性の紅斑の消退を待って1，24時間後に観察 | 除去後の一過性の紅斑の消退を待って1，24時間後に観察 | 紅斑，浮腫および／または他の皮膚反応 |
| 判定法 | 本邦基準またはこれに準じた方法(皮膚アレルギーの判定基準：ICDRG基準を用いる場合には，判定項目に弱い刺激反応を追加して判定してもよい[*1]) | 本邦基準またはこれに準じた方法(皮膚アレルギーの判定基準：ICDRG基準を用いる場合には，判定項目に弱い刺激反応を追加して判定してもよい) | 明記なし |
| 試験結果の評価 | 皮膚科医が紅斑，浮腫等の程度を判定 | 明記なし | 明記なし |
| 皮膚科医の関与 | 試験条件の設定は，指導のもとに行う | 皮膚科医の指導のもとに行う | 明記なし |
| 陽性反応への対処 | 皮膚反応の状態によっては，48時間以後も実施，所見が消失するまで観察，それに要した日数を記載 | 皮膚反応の状態によっては，48時間以後も実施 | パッチ除去後72時間まで |

[*1] ICDRG：International Contact Dermatitis Research Group

## (1) 判定者

表1には，医薬部外品の場合，判定者は皮膚科医であることが記載されている[3]。ただし，皮膚科医なら誰でもよいわけではない。河合らの検討では，皮膚科医よりも化粧品メーカーの担当者のほうが皮膚刺激性を的確に判断していると報告をしている[8]。そこで，日本接触皮膚炎・皮膚アレルギー学会では皮膚刺激性判定基準を作成し[9]，大会ごとにシンポジウムを開き，皮膚科医の教育や試験を行ってきた。少なくとも，この判定基準で皮膚刺激性の程度を勉強した皮膚科医が判定者であるべきである。

ただし，皮膚刺激性に詳しいからといって，メーカー担当者のみでパッチテストを実施することは危険である。確認試験とはいえ，ヒト臨床試験の一環である。最悪の場合，被験物質適用部位が腐食性反応を示す可能性もある。アレルギーと思われるような反応を起こしてしまう場合も想定される。やはり，医師の指導のもと，本試験は実施されるべきである。さらに，GCP(Good Clinical Practice)

表2 パッチテスト判定基準

| 本邦基準 | 反応 | ICDRG基準[*1] | 評点 |
| --- | --- | --- | --- |
| − | 反応なし | − | 0 |
| ± | わずかな紅斑 | − | 0.5 |
| + | 明らかな紅斑 | +? | 1 |
| ++ | 紅斑+浮腫，丘疹 | + | 2 |
| +++ | 紅斑+浮腫，丘疹+大水疱 | ++ | 3 |
| ++++ | 大水疱 | +++ | 4 |

[*1] ICDRG：International Contact Dermatitis Research Group

を遵守して試験すべきある。実施した試験結果はすべて記録され，医薬部外品の申請においては，試験で生じた事象を報告書にすべて記載し，考察されるべきである。

### （2）被験者

　被験者は健康で貼付部位の肌状態が良好で，化粧品でトラブル経験のない成人ボランティアが男女比１：２の範囲で選ばれるべきである。

　昨今，倫理書類の整備が重視されており，説明文書を用いて，試験の趣旨を説明し，同意書を取った後，試験を実施しなければいけない。必要なら，保険への加入も考慮すべきである。

　説明文書には，試験法の確認事項を記載しなければいけない。これらをまとめておく。

①テスト部位に強いかゆみや水ぶくれが生じる可能性があること
②テスト部位が茶色（色素沈着）になる可能性があること
③テスト部位以外にも，テープ破れや，被験物質のパッチサイトからの漏れにより赤みやかゆみが生じる可能性があること

　さらに，以下の注意事項を説明し，納得していただくことも大切である。

④入浴はできませんが，テスト部位を濡らさないようにすればシャワー浴は可能です。
⑤スポーツや激しい運動で汗をかかないようにしてください。
⑥テスト部位を圧迫するような衣類の着用は避けてください。
⑦テスト部位に強いかゆみを感じた場合には，かきむしったりしないでください。我慢できない場合には担当者に連絡後，試験を辞退すれば，テープを剥がせます。
⑧テープを除去してから判定がすべて終了するまで，テスト部位に触ったり，薬などを勝手に塗らないようにしてください。
⑨常用薬の使用は医師にご相談ください。特にステロイドを内服または外用している場合には，ご協力いただけません。
⑩その他，何かお困りのことがありましたら，担当者または医師にご相談ください。

　ところで，意外に語られないことがある。パッチテスト非適応者の問題である。テープかぶれしやすい，生理食塩水をはじめとする対照物質やアルコールに皮膚反応を起こす被験者である。これらの方々は無適用部位でも汗などでも皮膚反応を示す場合がある。繰り返し協力をいただいているボランティアの方々が上記の反応を突然に起こし，協力を辞退される場合が多い。これらの方々は肌が弱い可能性がある。このような方を除くことは，試験であることから致し方ないが，結果として，肌の強いボランティアのみの協力を得て行っている確認試験となっていることを忘れてはならないと考える。

### （3）貼付時間

　診断用パッチテストでは48時間適用が一般的である。ヒト皮膚刺激性の検出のため，Basketterらは[10〜13]，15分〜4時間の適用試験をOECDテストガイドラインとして提案した経緯がある（本件は結局，テストガイドラインにならなかった）。日本でも最適な適用時間を考慮する目的で，関東らは[14]，代表的な皮膚一次刺激性物質を文献や経験をもとに適度な濃度に調整した被験物質を4，24，48時間

貼布して比較検討した。結果として，皮膚一次刺激性の検出には24時間適用が最適であると報告している。

## まとめ

　パッチテスト諸条件の検討は，1970～90年代には多く実施され，2000年には大勢が固まった。ただ，若干の危惧を埋めるため，2000年代に判定基準の統一化や貼付時間の最適化が皮膚刺激性研究会で検討された[8, 9, 14]。

　昨今，これら検討を経て試験条件が確立されたこともあるが，今後の無意識な継承により，留意点などは風化を生む。担当者は，成分や製品は適切に調整されているか，貼付方法は適切か，など試験条件の検証を絶えず試み，歴史に学びながら，トラブルを引き起こさない研鑽を積んでいただきたい。

---

●参考文献
1) 須貝哲郎：香粧品化学, **19**, 臨時増刊, 49-56 (1995)
2) 松永佳世子：皮膚, **32**, 増刊第8号, 15-22 (1990)
3) 承認審査の際の添付資料, 第3章　医薬部外品の製造販売承認, 化粧品・医薬部外品製造販売ガイドブック2008, pp.130-159, 薬事日報社, 東京 (2008)
4) 日本化粧品工業連合会編：化粧品の安全性評価に関する指針 (2008年), 化粧品の安全性評価に関する指針, pp.1-37, 薬事日報社, 東京 (2008)
5) CTFA Safety Evaluation Guidelines, Linda, J. Loretz and John, E. Bailey edt., pp.13-24, CTFA, Washington, D.C. (2007)
6) 森　福義：ヒトパッチテスト, 皮膚刺激性・感作性試験の実施法と皮膚状計測および評価, 技術情報協会, 東京 (1999)
7) 小島肇夫：皮膚障害をできるだけ少なくする予知パッチテストの実施, 皮膚の測定・評価マニュアル, pp.305-326, 技術情報協会, (2003)
8) Kawai, K., Yoshimura, I., Sonoda, I., Nakagawa, M., Suzuki, K., Kaniwa, M., Katoh, N., Itagaki, H., Okuda, M., Kojima, H., Matsunaga, K., Washizaki, K. and Ito, M.: Study on the reliability and reproducibility of visual assessment for human skin irritation test, *Environ Dermatol.*, **10**, 145-155 (2003)
9) 河合敬一：パッチテストの皮膚刺激性評価における新基準の提案, *Visual Dermatology*, **3**, 74-81 (2004)
10) Griffiths, H.A., Wilhelm, K.P., Robinson, M.K., Wang, X.M., Macfadden, J.P., York, M., Basketter, D.A.: Interlaboratory evaluation of a human patch test for the identification of skin irritation potential/hazard, *Food and Chemical Toxicology*, **35**, 255-260 (1997)
11) Basketter, D.A., Chamberlian, M., Griffiths, H.A., Rowson, M., Whittle, E., York, M.: The classification of skin irritation by human tatch test, *Food and Chemical Toxicology*, **35**, 845-852 (1997)
12) Robinson, M.K., Macfadden, J.P., York, M., Basketter, D.A.: Validity and ethics of the human 4-patch test as an alternative method to assess acute skin irritation potential, Contact Dermatitis, 45, 1-12 (2001)
13) Basketter, D.A., York, M., Macfadden, J.P., Robinson, M.K.: Determination of skin irritation potential in the human 4-patch test, *Contact Dermatitis*, **51**, 1-4 (2004)
14) Kanto, H., Washizaki, K., Ito, M., Matsunaga, K., Akamatsu, H., Kawai, K., Katoh N., Natsuaki, M., Yoshimura, I., Kojima, H., Okamoto, Y., Okuda, M., Kuwahara, H., Sugiura, M., Kinoshita, S., Mori, F.: Optimal Patch Application Time in the Evaluation of Skin Irritation, accepted to the *Journal of Dermatology*, (2012)

# 各論 6 実験動物を用いる連続皮膚刺激性試験

## はじめに

　化粧品・医薬部外品における皮膚刺激性試験とは，化粧品成分や製品の皮膚刺激性の有無や強度を知る上で重要な試験法である[1]。ヒトでの試験を行う場合の濃度設定のためにも，被験者に過度の苦痛を与えない濃度を選択するためにも大切な試験法である[2]。これまで，動物個体を用いて経時的な皮膚刺激性を検出する方法として，連続皮膚刺激性試験が汎用されてきた[3,4]。

　化粧品は各人の自由な使用方法により毎日繰り返し使用される製品が多いため，皮膚一次刺激性だけでなく，累積的な影響も検討しておく必要があることから連続皮膚刺激性試験は導入された[5]。現状では，化粧品・医薬部外品の許認可において，皮膚一次刺激性試験のみでリスクを評価することは困難であるため（リスクは物質の適用濃度と適用時間で評価される），実験動物を用いた連続皮膚刺激性試験は欠かせない試験法である[3〜5]。本章ではこの実験動物を用いた連続皮膚刺激性試験法の具体的な手法を確認していきたい。

　なお，連続皮膚刺激性でとらえられる弱い刺激性の繰り返しを累積刺激性と呼ぶが[6]，連続適用により皮膚刺激性が持続，増強することが累積かどうかの判断は難しいことから，以後，本書では累積刺激性という用語ではなく，連続皮膚刺激性という用語を用いる。

　また，動物実験の3Rsへの配慮は叫ばれているが，経済協力開発機構（OECD）等のテストガイドラインも存在せず，本試験法の動物実験代替法（以下，代替法）は開発されていない。

## 1 試験法

### (1) 試験法の紹介

　化学物質の皮膚毒性は経皮毒性と局所毒性に分類される[7]。前者は皮膚に曝露された化学物質が吸収されたために示す全身毒性である。一方，後者は化学物質に曝露された皮膚の局所傷害である。接触皮膚炎と総称される。これらは，刺激性皮膚炎と感作性皮膚炎に大別され，刺激性は一次刺激性と光毒性，連続皮膚刺激性に分類される。

　刺激性皮膚炎とは，免疫の関与しない皮膚炎であり，刺激性が一定の限界を越えると誰でも生じる。この場合，化学物質の刺激性の強弱はもとより，濃度，接触時間，量，そして個人の皮膚刺激性に対する抵抗性などが大きく関与する。これらの作用機序は，細胞膜破壊，細胞変性，重要な酵素系の障

害などと推察されている[2]。これらのうち，実験動物を用いる連続皮膚刺激性試験とは，1回の適用では刺激性閾値以下で反応が認められない化学物質の皮膚反応をとらえる目的で実施される。皮膚刺激性皮膚炎を紅斑，浮腫，落屑などの変化を指標とする皮膚反応で評価する試験法である[6]。なお，このほかに，化学物質によって引き起こされる蕁麻疹，ざそう，色素沈着異常などが皮膚毒性としていわれている。

## (2) 試験法の概要

主な試験法の共通点を以下にまとめた。医薬部外品等のガイドラインの主な相違点を**表1**に示す[3,4]。化粧品・医薬部外品の試験法間には大きな差異はない。

### 1) 動物
若齢成熟白色ウサギまたは白色モルモットを用いる。

### 2) 動物数
1群，1〜3匹とする。

### 3) 皮膚状態
除毛健常皮膚

### 4) 投与面積および用量
皮膚刺激性を適切に評価し得る面積および用量（表1参照）

### 5) 投与方法
開放塗布

**表1 連続皮膚刺激性試験の比較**

|  | 医薬部外品の承認申請資料[4] | 化粧品の安全性評価試験法[5] |
|---|---|---|
| 試験動物 | 若齢成熟白色ウサギまたは白色モルモット | 若齢成熟白色ウサギまたは白色モルモット |
| 動物数 | 1群3匹以上 | 1群3匹以上 |
| 皮膚 | 除毛健常皮膚 | 除毛健常皮膚 |
| 投与面積および用量 | 皮膚刺激性を適切に評価し得る面積および用量（面積にもよるが，通常，開放の場合は流れ落ちない程度である0.03mL/2cm×2cm，さらに投与面積に応じて投与量を増減する。） | 皮膚刺激性を適切に評価し得る面積および用量（面積にもよるが，通常，開放の場合は流れ落ちない程度である0.03mL/2cm×2cm，さらに投与面積に応じて投与量を増減する。） |
| 投与濃度 | 連続皮膚刺激性を適切に評価するため，無刺激性を示す濃度が含まれるよう数段階設定する。 | 連続皮膚刺激性を適切に評価するため，無刺激性を示す濃度が含まれるよう数段階設定する。 |
| 投与経路または方法 | 開放塗布 | 経皮，開放塗布 |
| 投与期間 | 1日1回，2週間反復投与（週5日以上） | 1日1回，2週間（週5日以上） |
| 投与後の処置 | 無処置とするが，必要に応じて洗浄等の操作を行ってもよい。 | 必要に応じて洗浄等の操作を実施 |
| 観察 | 投与期間中の毎日，投与前，および最終投与24時間後に投与部位の肉眼観察を行う。 | 投与期間中の毎日，投与前，および最終投与24時間後に投与部位の肉眼観察を行う。 |
| 判定・評価 | 記載なし。 | 適切に評価し得る採点法により判定・評価する。 |

6）投与期間

1日1回，2週間反復

7）観察

投与期間中の毎日，投与前，および最終投与24時間後に投与部位の肉眼的観察を行う。

## 2　試験法の注意点

① 皮膚一次刺激性試験の結果をもとに，被験物質に腐食性や強い刺激性が懸念される場合には，適用濃度を薄める等の措置が必要である。

② 被験物質が有する（原体の）皮膚一次刺激性について確認し，軽度の皮膚刺激性が観察される濃度および観察されない濃度から，適用濃度での安全性が確認されれば，必ずしも適用濃度の設定は必要ない[3,4]。

③ 比較対照としてすでに医薬部外品または化粧品に配合されている原料を用い，相対評価が可能な濃度で試験を実施することにより，安全性を確認する方法もある[3,4]。

④ 液体の被験物質を原体適用する場合は非希釈で使用するが，固体の場合，良好な皮膚接触を確実にするために十分な最少量（おおむね1：1が限度）の水または必要に応じて別の適切な溶媒で湿らせる。この溶媒を陰性対照として用いるので，皮膚刺激性は最小とすべきである。

⑤ 被験物質を希釈して数段階適用する場合には，④に示す適切な溶媒を用いて，用時調製したものを（調製後，できれば1時間以内）使用されるべきである。

⑥ 多数の化粧品原料等の皮膚刺激性検討から，皮膚刺激の感受性は，ウサギが最も高く，次いでモルモット，ヘアレスマウス，ヒトの順に減少する[2]。すなわち，これらの動物の皮膚刺激性はヒトよりも感受性が高いことを意味しており，敏感肌モデルと考えることもできる[1,5]。動物実験でヒトの皮膚刺激性を予測するならば，偽陽性が出やすい試験法であることになる。なお，マウスやラットは皮膚刺激性に対する紅斑反応が困難であり，この種の試験に適さない。

⑦ ヒトでは汗腺が発達しているため，動物では皮膚刺激性が生じにくい界面活性剤が汗成分と塩を形成して刺激性を生じるなどの生理的な相違にも注意が必要である[2]。また，ヒトでは蒸留水に皮膚刺激性を生じるケースがしばしばあるが，動物では見られない[2]。ヒトで問題なく使用されている油脂などに皮膚反応が生じる場合が多い[6]。以上の理由から，物性により種差における皮膚反応が異なることを認識する必要がある。

⑧ 上記④，⑥，⑦を合わせ考えると，動物の皮膚刺激性は安全性が確認されている原料や製品との相対評価でリスク評価をすることに適している。単独物質での試験結果からリスクを評価（外挿）することに向いている試験ではない[5]。

⑨ ヘアレスモルモットは安定な入手が困難であり，ルーチンの試験には不向きである。よって，ウサギやモルモットの毛刈り方法が重要な手法の注意点である。ウサギはヘアサイクルが成長期の場合には（アイランドスキン），毛が密生して容易にバリカンがあてられないばかりか，被験物質も塗布が困難となる。毛刈りの際，ウサギは固定も必要である。以上の理由から，モルモットの

ほうが試験に使いやすい[2]。
⑩ 毛刈りとはバリカンによる刈毛後にバリカンや剃刀による剃毛を合わせて行うことを意味している。刈毛だけでは被験物質の接触性が悪くなるので，試験実施の場合には，事前に毛の伸びから適切に剃毛がなされていることを確認すべきである。この過程で被験物質の適用部位を傷つけないことはいうまでもない。
⑪ 適用期間として，4〜21回まで検討されている[3〜5]。4回塗布で被験物質間の刺激性の差を見るには十分であるとの報告もあり[5]，4回以上の塗布での皮膚刺激性ピークの把握は可能かもしれない。医薬部外品のガイドラインには2週間反復投与であるものの，5日間以上とある[3〜5]。これは，土日は塗布を休止するプロトコルである。4日間塗布後にピークに達した反応は飽和してやや回復し，その後の塗布を繰り返してもピーク時のスコアと大きな差がないとの報告はあるものの[5]，休止期間を加える必要性がわからない。皮膚刺激性のピークを把握するためなら，14日間連続適用が望ましい。回復を把握するなら，連続塗布終了後，回復を観察すべきである（塗布終了後から最大14日間）。
⑫ 長期間にわたり塗布を繰り返す場合，動物の固定は不可能である。塗布後，部位をケージになすりつける，後肢でひっかく場合がある[6]。モルモットの場合，舐めあうこともあるので，個別ケージで飼育する。部位の保護のため，首かせ，塗布部位をガーゼなどで覆うなどの処置も必要である。
⑬ 皮膚反応の観察は，主観的となる。試験施設および関係者が観察を行う人員を適切に訓練する必要がある。毛が判定をじゃまする可能性もあるので，適用部位を悪化させないように毛刈りし，周囲の物理的な紅斑が治まった後に判定する。よって，当日の手順は，毛刈り，観察，適用の順となる。
⑭ ヒトによる皮膚感作性試験の感作処置段階において[8]，同一部位に塗布された結果から，被験物質の連続皮膚刺激性を評価することは可能である。ただし，この試験法は皮膚感作性に問題ないことの確認試験として位置づけられている。よって，適用濃度が低い，テープかぶれなどから同一部位に貼り続けることは難しいなどの障害が生じ，実験動物を用いる連続皮膚刺激性試験の代替とはなり難いと考える。

## まとめ

　繰り返しになるが，実験動物を用いる皮膚刺激性試験は，化粧品や医薬部外品の安全性評価に欠かせない試験法である。慎重に動物実験を行い，皮膚一次刺激性のリスク評価をした後，連続適用による皮膚刺激性のヒトにおけるリスクを外挿するために検討される。

　動物実験の3Rsを考慮するならば，被験物質原体において皮膚一次刺激性がまったくないと判断された場合（現状で把握できる有害性がまったくない場合），皮膚一次刺激性のリスク評価を行う必要がないので動物実験を省略できる可能性が高くなる。ただし，被験物質の連続適用による皮膚刺激性が現れるリスクを確認できないため，それを経ずにヒトパッチや使用試験を実施する場合には，倫理委員会の許可を得て，慎重に貼布時間または塗布回数や適用濃度を考慮してパッチテストや使用試験を行うことにより，動物実験を用いない評価は可能かもしれない。最後に確認しておくが，動物福祉のために，化粧品・医薬部外品における安全性評価の手を抜くことは許されない。

● 参考文献
1) 小島肇夫：安全性評価試験(23)実験動物を用いる皮膚一次刺激性試験，COSME TECH JAPAN, 3(9)81-84(2013)
2) 岡田穣伸：皮膚一次刺激性試験，皮膚刺激性・感作性試験の実施法と皮膚性状計測および評価，pp.21-24, 技術情報協会，東京(1999)
3) 日本化粧品工業連合会編：化粧品の安全性評価に関する指針(2008年)，化粧品の安全性評価に関する指針，pp.1-37, 薬事日報社，東京(2008)
4) 承認審査の際の添付資料：第3章 医薬部外品の製造販売承認，化粧品・医薬部外品製造販売ガイドブック2008, pp.130-159, 薬事日報社，東京(2008)
5) 岡田穣伸：連続皮膚刺激性試験，皮膚刺激性・感作性試験の実施法と皮膚性状計測および評価，pp.25-27, 技術情報協会，東京(1999)
6) 小林敏明，市川秀之，板垣 宏：皮膚毒性，機能毒性学，pp.268-302, 地人書館，東京(1997)
7) 小島肇夫：皮膚・粘膜毒性，臓器毒性・毒性試験，新版 トキシコロジー，日本トキシコロジー学会教育委員会編集，pp.246-254, 朝倉書店，東京(2009)
8) 森 福義：ヒトによる皮膚感作性試験，皮膚刺激性・感作性試験の実施法と皮膚性状計測および評価，pp.45-46, 技術情報協会，東京(1999)

# 各論 7 光毒性試験

## はじめに

本章では化粧品・医薬部外品の安全性評価のための非臨床試験の中から，光毒性試験について紹介する。平成24年4月26日付けで，厚生労働省医薬食品局審査管理課より[1]，「皮膚感作性試験代替法及び光毒性試験代替法を化粧品・医薬部外品の安全性評価に活用するためのガイダンスに関する資料」が，各都道府県衛生主管部業務主管課に通知された。光毒性試験の動物実験代替法（以下，代替法と記す）として in vitro 3T3 NRU 光毒性試験が化粧品・医薬部外品の安全性評価に活用するためのガイダンスの中に含まれている。

## 1 光毒性とは

光毒性は，紫外線照射下で化学物質を皮膚に単回適用した場合，光（紫外線または紫外線および可視光）照射が加わることで生じる皮膚刺激反応である。光毒性の評価には，従来から動物を用いた試験法が用いられてきた。すなわち，動物の皮膚に被験物質を塗布し，光照射部位と非照射部位を設定し，光照射後に生じた皮膚反応を非照射部位の反応と比較することで光毒性の有無を判定する試験法である[2]。

## 2 光毒性試験

### （1）吸光度測定

医薬部外品の承認申請[3]や化粧品の安全性評価試験法において[4]，吸光度測定によって紫外線吸収スペクトル（290〜400nm）の範囲で吸収極大が認められない場合は光毒性試験を省略できるが，280〜450nmの範囲で吸収極大の有無を確認すること，紫外線吸収スペクトルのチャートの提出が必要とされている。

なお，医薬品の許認可では，光吸収の指標として，モル吸光係数（MEC：Molar extinction coefficient）の1,000L mol$^{-1}$cm$^{-1}$未満（290〜700nm）が指標に用いられている。ただし，医薬部外品や化粧品の場合には純度が高くない成分が多く，この指標は用いられることは少ない。

## (2) ROSアッセイ

前述した吸光度測定は医薬品の場合，すべての成分が該当してしまう場合が多い。そこで，活性酸素種（ROS：Reactive Oxygen Species）アッセイの導入が日本製薬工業協会の基礎部会を中心に検討されている。この方法は，尾上らによって開発された方法であり[5～7]，被験物質を光照射する際に発生するROS量をモニタリングすることを特徴とする光化学反応性評価法である。種々のモデル化合物を用いた検討において薬剤性光線過敏症リスクを予測できる可能性を持つ。この方法の施設内および施設間再現性を評価するため，日本動物実験代替法評価センター（JaCVAM）主催のバリデーション実行委員会（VMT）のもと[8]，ROSアッセイのプロトコルが確立された。さらに，Dr. Manfred Liebsch（International Centre for Documentation and Evaluation of Alternative Methods to Animal Experiments, ZEBET），ECVAM（Europe Center for the Validation of Alternative Methods），ICCVAM（Interagency Coordinating Committee on the Validation of Alternative Methods）の協力の下，VMT主導で化合物を選択し，最終的に2種の標準物質，23種の光毒性陽性化合物ならびに19種の光毒性陰性化合物（合計42物質）を選定した。

バリデーションでは，2種のソーラーシミュレーターとしてAtlas Suntest CPS seriesおよびSeric simulatorが使用され，それぞれに3および4施設が参加し，GLP（Good Laboratory Practice）の精神に則って各種検討が実施された。ROSアッセイプロトコルに従いコード化された42種類の被験物質（200$\mu$M）を含む反応液を96ウェルプレートに分注して，1時間の擬似太陽光照射後（ca. 2.0mW/cm$^2$），ROS（Singlet oxygenとSuperoxide）の産生量をそれぞれ測定した。実験は3回繰り返し，各化合物の光毒性リスクを評価した。

その結果，ROSアッセイは難溶性物質の評価は困難であるものの，*in vitro/in vivo*光毒性試験の必要性を判断するスクリーニング系の1つとして有用であると考えられた[9]。この結果を受け，ICH（International Conference on Harmonisation of Technical Requirements for Registration of Pharmaceuticals for Human Use）S10の報告書案において，光毒性評価の第一の選択肢として，吸光度測定またはROSアッセイのどちらかを選択する方法として採用された[10]。

## (3) 代替法

次の段階として，*in vitro*の試験法で評価されることになる。

### ① *in vitro* 3T3 NRU 光毒性試験

光毒性試験に関する*in vitro*の試験法では，培養細胞を用いた試験法がEUにおいて研究開発され[11～14]，2004年に経済協力開発機構（OECD）テストガイドラインNo.432（OECD Test Guideline for Testing of Chemicals, 432：*in vitro* 3T3 NRU（Neutral Red Uptake）phototoxicity test）[15]として採択された。現在，本試験法は，化学物質の光毒性の有無を検出する試験法として世界的に広く受け入れられ，特に感受性の高い試験法としても認識されている。

光毒性反応は，光が当たることにより励起された化学物質が定常状態に戻る際，エネルギーが何らかの形で放出されるが，その作用を契機として細胞全体が傷害されることで発現すると考えられてい

る。本試験法は，この原理を利用し，マウス由来の線維芽細胞の単層培養系を用い，被験物質の光照射時と非照射時における用量－細胞生存率曲線を描き，光照射によって細胞毒性の増強が見られるか否かで被験物質の光毒性の有無を判定する方法である。生細胞の判別にはNRUを用いる。NRは弱カチオン性の色素で，細胞膜を能動輸送により透過してリソゾームに蓄積される性質をもつ。細胞傷害や細胞死により，細胞膜の輸送能の低下やリソゾームの脆弱化が起こるとNRが蓄積されなくなる。そのため，生細胞と傷害を受けた細胞または死細胞とを区別することが可能である。その原理を応用し，吸光度により色素の取り込み量を測定し，その違いから光照射による細胞傷害性を評価する[16]。

　本試験法は，平成14年度厚生労働科学研究班「動物実験代替法の開発と利用に関する調査研究」において検討され，光毒性の有無を検出するための *in vitro* 光毒性試験としての妥当性が検証されている[16]。

　光毒性試験代替法としての *in vitro* 3T3 NRU光毒性試験について，化粧品・医薬部外品の安全性評価に活用するためのガイダンスから[1]，試験実施上の留意点および運用に関する留意点を以下に抜粋する。

---

**1）試験実施における各種条件及び注意事項**

●培養細胞について
　OECDテストガイドラインNo.432において[15]，BALB/c 3T3 clone A31（CCL-163；ATCC又は86110401；ECACC）を推奨している。他の細胞の使用は可能であるが，同等性を示す必要がある。

●光源及び照射光について
・照射光については，UVAと可視光領域の光を照射することとし，光源としては，ソーラーシミュレーターとして，キセノンランプもしくは水銀メタルハライドランプが記載されている。
　太陽光との近似性はキセノンランプの方が高いとしているが，水銀メタルハライドランプは放熱が少ないことと，安価である点がメリットとして挙げられている。
・光源の種類によって波長特性が異なることや，照射装置の照射野のUV強度の差異が生じることにより化学物質との光化学反応や毒性として発現する生物学的な反応も変わってくる。そのため，光源の波長特性をあらかじめ把握しておくとともに，その試験条件下での細胞毒性の発現について十分な背景データを得ておく必要がある[17]。
・UV強度測定器計のメーカーによって，検出するUV波長域が異なるため，光源の波長特性に合致したUV強度測定器を選択することが重要である[16]。

●その他
・溶解性の低い被験物質については，正確なデータが得にくい[16,17]。
・光毒性の有無を定性的に判断するための試験系であり，光毒性の強弱の程度，生体における用量・濃度反応関係については必ずしも評価できない[16,17]。
・被験物質の代謝などによる間接的な光毒性を検出できない[17]。

**2）本試験法の運用方法に関する留意点**

●本試験は，製剤の試験には利用できない。
●化学物質の紫外部吸収スペクトルを，波長290～400nmの範囲で測定し，光毒性試験を実施する必要があると判断された場合は，第一選択試験法として本試験法を推奨する。
●適正に実施された本試験法でNo phototoxicityと判定された場合には，陰性と判断する。
●本試験法にて判定結果がNo phototoxicity以外の場合，従来の動物を用いた試験法を含めた他の試験法にて確認し，陰性と判定された場合には，光毒性は陰性と判断することもできる。
●本試験法は，単層細胞培養系を使用した評価システムであり，溶解性に問題がある（緩衝液と均一に混合しない）もの，著しく培養系に影響を与える（例えば，緩衝液のpH変化をもたらす）ものは適正に評価できない。

②培養表皮モデルを用いた検討

1990年代に，ECVAM において培養表皮モデル EpiDerm による複数のプレバリデーションが実施された[18]。その結果，Phase Ⅲ バリデーションにおいてコード化した10物質（*in vivo*陽性5物質，*in vivo*陰性5物質）を用いて，3施設からよい予測性が報告されている。この後，現在，OECD テストガイドライン No.432となっている光毒性試験3T3 NRU[15]との組み合わせ評価が検討された。検討の結果，それらの予測性は同程度であるとされ，本試験法の公定化に向け，さらなる追加検討が必要と結論されている。

昨今，ICH S10ガイドラインに本モデルの利用が組み込まれている。

## （4）動物実験

代替法は，偽陰性を極力少なくする設定がなされている。すなわち，偽陽性が多いことを意味する。代替法で陽性結果が出た場合，その成分を諦めるのでないならば，動物を用いた試験法を含めた他の試験法にて確認する必要がある。医薬部外品の承認申請[3]では，代表的な試験法として，種々の試験法があげられている。その説明は成書を参照されたい[19]。これらのなかで汎用性が高い Morikawa 法について，原著[20]，医薬部外品の承認申請[3]や化粧品の安全性評価試験法[4]それぞれの記載を表1にまとめた。

表1　動物を用いる光毒性試験の比較

|  | Morikawa法[20] | 医薬部外品の承認申請資料[3] | 化粧品の安全性評価試験法[4] |
|---|---|---|---|
| 試験動物 | ウサギ（2.0〜3.5kg）あるいはモルモット（約400g） | 試験の定めるところによる | 白色ウサギまたは白色モルモット |
| 動物数 | 1群10匹以上 | 原則として1群5匹以上 | 1群5匹以上 |
| 性 | 雌雄いずれか | ― | ― |
| 試験群 | ― | 原則として被験物質光照射群，および適切な対照群を設ける。 | 必要に応じて光照射群，光非照射群（対照群）を設定 |
| 光源 | UV-A が用いられる。 | UV-A 領域のランプ単独，あるいはUV-AとUV-B領域の各ランプを併用して用いる。 | UV-A 領域のランプ単独，または UV-AとUV-B領域の各ランプを併用 |
| 照射量 | UV-A：10J/cm$^2$<br>UV-B：最少紅斑点量以下<br>照射時間：2時間<br>照射距離：10cm | ― | 適切に評価し得る照射量（10〜15J/cm$^2$） |
| 適用 | 0.05mL/2×2cm$^2$，適用30分後に照射，原体または一次刺激のない濃度 | ― | 経皮，背部の除毛した健常皮膚へ2列に開放塗布，片側を遮蔽して光照射，適切に評価し得る面積および用量，必要に応じて数段階濃度を1回適用 |
| 判定 | 24，48および72時間後に紅斑，浮腫を判定 | ― | 24，48および72時間後に投与部位を肉眼観察 |
| 陽性対照 | ― | 8-メトキシソラーレン等 | 8-メトキシソラーレン等 |
| 評価 | 照射部位，非照射部位の反応を比較 | ― | 紅斑および浮腫について適切な採点法で判定し，照射部位と非照射部位の反応の差から光毒性の有無を判定・評価 |

―：未記載

動物実験は比較的簡単な試験法であるが，今後も継続実施されることを前提に，本試験法の問題点をあげておきたい。

①紫外線照射にブラックライトを用いる点である。その場合，ソーラーシミュレーターと比べ，波長特性が大きく異なる。動物実験にて陰性となった場合でも，可視部による光毒性への懸念が残る。

②部位差やブラックライトの照射ムラ，未塗布部位の最少紅斑量の設定など，誤差が大きい試験法である。ある程度の数をこなしていない施設の結果は信用し難い。

③一定期間とはいえ，動物をブラックライト下に長時間固定しなければならない。固定には粘着テープが使われることもあり，実験終了後には動物皮膚にテープかぶれや脱毛が生じることが多い。実験動物の3Rsの精神を考慮し，動物の苦痛を極力少なくする方法の改良が望まれる。

## まとめ

　代替法は有害性の評価しかできず，偽陽性が多い試験法である。代替法で陽性結果が得られた場合，動物実験を用いなければ有用な成分を諦めることになる。それを回避するためには，動物を用いる光毒性試験の実施は必須である。そのためにも，3Rsを考慮した試験法の改善は重要なテーマである。関係者は継続してその改善に取り組んでいただきたいと考えている。

●参考文献

1) 厚生労働省事務連絡：皮膚感作性試験代替法及び光毒性試験代替法を化粧品・医薬部外品の安全性評価に活用するためのガイダンスについて（平成24年4月26日）
2) 小島肇夫：皮膚・粘膜毒性，新版 トキシコロジー，日本トキシコロジー学会教育委員会編集，pp.246-254, (2009)
3) 承認審査の際の添付資料：第3章 医薬部外品の製造販売承認，化粧品・医薬部外品製造販売ガイドブック2008, pp.130-159, 薬事日報社，東京 (2008)
4) 日本化粧品工業連合会編：化粧品の安全性評価に関する指針，化粧品の安全性評価に関する指針2008, pp.1-37, 薬事日報社，東京 (2008)
5) Onoue S, Yamauchi Y, Kojima T, Igarashi N, Tsuda Y.：Analytical studies on photochemical behavior of phototoxic substances; effect of detergent additives on singlet oxygen generation. *Pharm. Res.*, **25**, 861-868 (2008)
6) Onoue S, Igarashi N, Yamada S, Tsuda Y.：High-throughput reactive oxygen species (ROS) assay: An enabling technology for screening the phototoxic potential of pharmaceutical substances. *J. Pharm. Biomed. Anal.*, **46**, 187-193 (2008)
7) Seto, Y., Hosoi, K., Takagi, H., Nakamura, K., Kojima, H., Yamada, S. and Onoue, S.：Exploratory and Regulatory Assessments on Photosafety of New Drug Entities, *Current Drug Safety*, **7**, 140-148 (2012)
8) JaCVAM：Available at: http://jacvam.jp/ (2012)
9) Onoue, S., Hosoi, K., Wakuri, S., Iwase, K., Yamamoto, T., Matsuoka, N., Nakamura, K., Toda, T., Takagi, T., Osaki, N., Matsumoto, Y., Kawakami, S., Seto, Y., Kato, M., Yamada, S., Ohno, Y. and Kojima, H.：Establishment and intra-/interlaboratory validation of a standard protocol of reactive oxygen species assay for chemical photosafety evaluation, *J. Appl. Toxicol.*, In press (2012)
10) ICH S10 Guideline on photosafety evaluation Research Step 5, Springer, US, 2014
11) Spielmann H., et al.：*In vitro* Phototoxicity testing, the report and recommendation of ECVAM workshop 2, *ATLA*, **22**, 314-348 (1994)
12) Spielmann H., et al.：EEC/COLIPA project on *in vitro* phototoxicity testing: first results obtained with Balb/3T3 cell phototoxicity assay, *Toxicol. In Vitro*, **8**, 793-796 (1994)
13) Spielmann H., et al.：The international EU/COLIPA *in vitro* phototoxicity validation study: results of phase II (Blind Trial). part1: The 3T3 NRU phototoxicity test, *Toxicol. In Vitro*, **12**, 305-327 (1998)
14) Spielmann H., et al.：A Study on UV Filter Chemicals from Annex VII of European Union Directive 76/768/EEC, in the *In Vitro* 3T3 NRU Phototoxicity Test, *ATLA*, **26**, 679-708 (1998)
15) OECD,：OECD test guideline 432; OECD GUIDELINE FOR THE TESTING OF CHEMICALS: *In Vitro* 3T3 NRU phototoxicity test, http://iccvam.niehs.nih.gov/SuppDocs/FedDocs/OECD/OECDtg432.pdf
16) 大野泰雄ほか：Balb/c 3T3 細胞を用い Neutral red 取り込みを指標とした光毒性試験代替法の評価結果報告，平成14年度厚生労働科学研究，動物実験代替法の開発と利用に関する調査研究 (H13-医薬-024)
17) CTFA Safety Evaluation Guidelines, Linda, J. Loretz and John, E. Bailey edt., Evaluation of Photoirritation and photoallergy potential, CTFA, Washington, D.C. (2007)
18) Microbiological associates Inc. and ZEBET Prevalidation of the "EpiDerm Phototoxicity Test" Final report (2000)
19) 佐藤 淳：光毒性試験，皮膚の測定・評価マニュアル，pp.63-67, 技術情報協会, (2003)
20) Morikawa, F, Nakayama, Y, Fukuda, M, Hamano, M, Yokoyama, Y, Nagura, T, Ishihara, M, Toda, K：Techniques for evaluation of phototoxicity and photoallergy in laboratory animals and man, Sunlight and Man, Editor, TB. Fitzpatrick, M. Pathak, L. Harber, M. Seiji, A. Kukita. University of Tokyo Press, pp. 529-557, (1974)

## 各論 8

# 皮膚感作性試験 -1
LLNA（Local Lymph Node Assay：局所リンパ節試験）

## はじめに

　本章では，化粧品・医薬部外品の安全性評価のための非臨床試験の中から，皮膚感作性試験について紹介する。皮膚感作性試験も多くの試験法が知られているが，その中でも，マウスを用いる LLNA（Local Lymph Node Assay：局所リンパ節試験）[1]に関連した試験法のみについて言及する。LLNA関連試験には，LLNA：DA や LLNA：BrdU-ELISA が含まれる[2,3]。その理由として，平成24年4月26日付事務連絡で厚生労働省医薬食品局審査管理課より[4]，「皮膚感作性試験代替法及び光毒性試験代替法を化粧品・医薬部外品の安全性評価に活用するためのガイダンスに関する資料」および平成25年5月30日付事務連絡で「皮膚感作性試験代替法（LLNA：DA, LLNA：BrdU-ELISA）を化粧品・医薬部外品の安全性評価に活用するためのガイダンスについて」[5]が，各都道府県衛生主管部 業務主管課に通知された。その中に，皮膚感作性試験の動物実験代替法（以下，代替法と記す）として LLNA：DA および LLNA：BrdU-ELISA が化粧品・医薬部外品の安全性評価に活用するためのガイダンスに含まれているからである。

　本章では，医薬部外品や化粧品の安全性評価における代表的なモルモットを用いる試験法である Maximization 法や Buehler 法[6~9]には触れない。また，*in vitro* 試験についても触れない。多くの試験法が開発され，一部でバリデーションが実施されているが[10]，行政的に認められた試験法は現状では存在しないからである。ただし，将来的にはいくつかの試験法が公定化されると見込んでいる。

## 1 皮膚感作性とは

　皮膚感作性は，感受性のある個体が誘導性化学的アレルゲンに局所的に曝露されたときに生じる免疫学的過程であり，皮膚免疫応答が惹起され，その結果，接触感作性の発現に至ると定義されている[2,3]。皮膚感作性を具体的に説明するとすれば，遅延性過敏反応の1つであり，化学物質による過剰な免疫反応により皮膚にかぶれが起こる現象である。皮膚感作性を有する物質が皮膚中のケラチノサイト，ランゲルハンス細胞などの反応を引き金に，リンパ節中の感作T型細胞が増殖する。再び同一化学物質とのわずかな，一次刺激を示さないような接触においても，認識されたT型細胞からリンホカインが放出され，皮膚炎症を引き起こすものである。皮膚感作性は，その発現や症状などに個体差が大きいことが特徴の1つである。

## 2 試験法

　LLNAの実験方法を簡単に説明する。実験1，2，3日目に，化学物質をCBA/CaまたはCBA/Jマウスの耳介に刺激性や耳の腫れを引き起こさない3濃度を塗布する。6日目に$_3$H-TdR（トリチウムチミジン）を尾静脈に投与する。耳介リンパ節を5時間後に摘出し，T細胞の増殖を指標とした$_3$H-TdRの取り込み量をシンチレーションカウンターで測定するものである。一方，LLNA：DAはATP量の増加，LLNA：BrdU-ELISAはブロモデオキシウリジン（BrdU）の取り込みを指標としている。LLNA：DA，LLNA：BrdU-ELISAにおいても，LLNAと同様，T細胞の増殖を測定指標とすることに相違はないが，その過程に至る化学物質の適用方法等が異なっている。これらの相違点を表1にまとめた。この表に記載されていない事項は共通項目であり，重要な点もあるが記載していない。以下に示す試験実施における各種条件および注意事項で確認していただきたい。2010年に経済協力開発機構（OECD）で改訂されたLLNAテストガイドライン（TG：Test Guideline）429には，このほかにReduced LLNA（rLLNA）についても記載されている[1]。この方法は，刺激性のない最高適用可能濃度を1濃度のみ耳介に適用するものであり，LLNAと比較して同程度の予想性があるとされている。

　化粧品・医薬部外品の安全性評価に活用するためのガイダンス[4]から，皮膚感作性試験の代替法としてLLNAの試験実施上の留意点および運用に関する留意点を抜粋する。

表1　OECDテストガイドラインに示されたLLNA関連法の比較*

|  | LLNA（TG429） | LLNA：DA（TG 442A） | LLNA：BrdU-ELISA（TG 442B） |
|---|---|---|---|
| 試験動物 | CBA/CaまたはCBA/J | CBA/J | CBA/JN |
| 被験物質投与回数 | 3 | 4 | 3 |
| 実験日数 | 7 | 8 | 6 |
| 投与休止期間（日） | 2（最終投与後） | 3（3回目と4回目の間） | 1（最終投与後） |
| 測定指標 | ラジオアイソトープの取り込み | ATP量 | BrdUの取り込み |
| 最終投与後から指標物質投与部位 | 20μCi/250μLを尾に1回投与 | — | BrdU 5 mg/0.5 mLを1回投与 |
| 最終投与後からリンパ節摘出時間 | 77 | 24～30 | 48 |
| SI値 | 3以上 | 1.8以上，1.8～2.5は他の情報も加味して判断 | 1.6以上，1.6～2.9は他の情報も加味して判断 |
| rLLNAの利用 | 可 | 不可 | 不可 |
| その他LLNAとの相違点 |  | SLS 1％水溶液を被験物質適用1時間前に塗布 | なし |

—：未記載　　*：相違のある部分のみを記載

## （1）試験実施における各種条件および注意事項

### ①溶媒の選択

使用溶媒は被験物質の溶解性を考慮し，溶液または懸濁液として最も高濃度で適用可能な溶媒を選択する。皮膚への適用性から acetone：olive oil（4：1，v/v；AOO），*N,N*-dimethylformamide（DMF），methyl ethyl ketone，propylene glycol，dimethylsulfoxide等が推奨される。また，エタノール溶液（例えば，70％エタノール）も使用可能である。水溶性の被験物質の場合，適切な溶媒（例えば，Pluronic® L92を1％含む溶液）を用い，皮膚を濡らし，直ちに流れ落ちないように注意すべきである。十分な科学的根拠があればその他の溶媒でも使用可能であるが，皮膚に対する付着性が悪い水溶液の使用は避ける。

### ②塗布濃度設定の方法

被験物質の塗布濃度は，100％，50％，25％，10％，5％，2.5％，1％，0.5％等，OECDテストガイドライン429で規定された濃度系列から，連続した少なくとも3用量を用いる。

最高塗布濃度には，全身毒性や強度の皮膚刺激性を生じない最も高い濃度を用いる。全身毒性や強度の皮膚刺激性を生じない濃度は，急性毒性，皮膚刺激性等の毒性情報や類似構造を含む物質や物理化学的特性情報等，利用可能なすべての情報を参照して決定する。これら既存情報から当該濃度を推察できない場合は，以下に示す予備スクリーニング試験を実施して設定する。

【予備スクリーニング試験】

1濃度につき1～2匹の動物を用い，本試験と同様に被験物質による塗布を行う。ただし，放射性同位元素の尾静脈投与は行わない。塗布濃度は，原則として被験物質の性状が液体である場合は100％，固形物，懸濁物の場合は調製可能な最高濃度とする。他の動物種（モルモット等）で得られた情報のうち，類似条件で行われた利用可能な情報がある場合はその条件を参考にする。

全身毒性は，試験期間中の一般状態の変化とDay1（被験物質処置前）およびDay6（最終処置3日後）の体重変化率を指標として評価する。皮膚刺激性は，Day1（被験物質処置前），Day3，Day6に，塗布部位の皮膚所見の観察と，耳介の厚さを測定して評価する。すなわち，投与期間中（Day1～Day6）に神経機能の変化（立毛，運動失調，振戦，痙攣等），行動変化，行動量変化，呼吸パターンの変化，傾眠，無反応症状，摂食量変化，ストレス症状等の一般状態の異常を認める場合，あるいはDay1からDay6の間で5％を超えた体重減少を生じる場合は，全身毒性があると判定する。また，Day3およびDay6に実施した刺激性評価において，2回の測定の両方，またはどちらかの耳介で，中等度以上の紅斑を示す所見を認める場合や，耳介厚の増減率が+25％以上となる場合は，過度の刺激性があると判断する。

以上の結果を踏まえ，100％，50％，25％，10％，5％，2.5％，1％，0.5％等，OECDテストガイドライン429で規定された濃度系列のなかから，原則として，全身毒性反応や過度の刺激性反応が認められなかった最高濃度を本試験の最高用量に設定する。

③その他
- ある種の金属化合物では，皮膚感作性物質を識別できないことがある。
- ある種の皮膚刺激性物質（界面活性剤等）で偽陽性反応を生じることがある。

④試験成立条件

　試験が適正に実施されたことを，反応強度が明らかな陽性対照物質を用いて，SI値が3を超えることで確認する。試験ごとに陽性対照群として25％ヘキシルシンナミックアルデヒドや5％メルカプトベンゾチアゾール等を投与する群を設定する。ただし，LLNAを定常的に実施し，陽性対照物質の背景データより試験結果の再現性や正確性を確認できる実験施設の場合には，陽性対照物質を試験に供するのは一定期間ごと（例えば，6カ月ごと）でもよい。

### (2) 本試験法の運用方法に関する留意点

　本試験法は，動物を使用した試験法であるが，従来の動物を用いた試験法（Maximization Test等）と比較して，動物に与える苦痛の低減や評価に用いる動物数の低減を図ることができ，試験結果の定量性においても同程度の精度を有している。

①製剤の試験には利用できない。
②適正に実施されたLLNAで陰性と判定された場合には，当該物質の皮膚感作性は陰性とする。陽性と判定された場合には皮膚感作性は陽性と結論し，原則としてそれ以上の追加試験は必要とされない。
③ただし，適正に実施されたLLNAで，陽性と判断された場合でも，すでに十分に使用実績のあることが知られている類縁物質の皮膚感作性データとの比較，あるいは従来のアジュバントを用いないモルモット皮膚感作性試験による追加データ等から総合的に，皮膚感作性の安全性を担保できることがある。
④LLNAが適正に実施できなかったと判断された場合，あるいは，LLNAの利用が適切でないと考えられる被験物質の場合，従来のモルモットを用いる皮膚感作性試験を実施する。

　以上のガイダンスには，LLNA：DA や LLNA：BrdU-ELISA，rLLNA などの記載はない。これらの方法は，放射性物質を用いない，実験動物数を削減できるというメリットをもっている。

## まとめ

　LLNAは，すぐれた代替法であると考えられる。現在検討されている多くの *in vitro* 試験が公定化されたとしても，組み合わせの選択肢として残っていくであろう。その理由は，LLNAが指標としているリンパ節の増殖は，皮膚感作性の重要な作用機構の1つであり，安全性確保の視点から避けては通れないからである。ところが，この指標を再現できるよい *in vitro* 試験法がまだ開発されていない。

●参考文献
1) OECD：OECD test guideline 429(revised)；OECD GUIDELINE FOR THE TESTING OF CHEMICALS：*LLNA*（2010）
2) OECD：OECD test guideline 442A；OECD GUIDELINE FOR THE TESTING OF CHEMICALS：*LLNA*：DA（2010）
3) OECD：OECD test guideline 442B；OECD GUIDELINE FOR THE TESTING OF CHEMICALS：*LLNA*：BrdU-ELISA（2010）
4) 厚生労働省事務連絡：皮膚感作性試験代替法及び光毒性試験代替法を化粧品・医薬部外品の安全性評価に活用するためのガイダンスについて（平成24年4月26日）
5) 厚生労働省事務連絡：皮膚感作性試験代替法（LLNA：DA, LLNA：BrdU-ELISA）を化粧品・医薬部外品の安全性評価に活用するためのガイダンスについて（平成25年5月30日）
6) 承認審査の際の添付資料：第3章 医薬部外品の製造販売承認, 化粧品・医薬部外品製造販売ガイドブック2008, pp.130-159, 薬事日報社, 東京,（2008）
7) 日本化粧品工業連合会編：化粧品の安全性評価に関する指針, 化粧品の安全性評価に関する指針2008, pp.1-37, 薬事日報社, 東京,（2008）
8) OECD：OECD test guideline 406；OECD GUIDELINE FOR THE TESTING OF CHEMICALS：*skin sensitization assay*（2002）
9) 小島肇夫：皮膚・粘膜毒性, 新版 トキシコロジー, 日本トキシコロジー学会教育委員会編集, pp.246-254,（2009）
10) JaCVAM：Available at：http://jacvam.jp/（2012）

## 各論 9  皮膚感作性試験−2
### モルモットを用いる試験

### はじめに

　本章では，化粧品・医薬部外品の安全性評価のための非臨床試験の中から，皮膚感作性試験について紹介する。皮膚感作性試験も多くの試験法が知られているが，その中でも，モルモットによるアジュバントを用いる試験法として，Maximization Test および Adjuvant and Patch Test[1~4]，アジュバントを用いない試験法として Buehler Test[1~4] について記載する。アジュバントとは，免疫増強剤，フロインド・コンプリート・アジュバントのことであり，併用してアレルギー状態を起きやすくする[1]。アジュバントによる処理は，動物の感受性を高め，低感作性物質の検出を可能にし，ヒトでの検出をより高める目的で行われている[1]。

　まず，感作性を評価するため，局所リンパ節試験（Local Lymph Node Assay：LLNA）を実施すべきであるが[1~3, 5]，適正に実施された LLNA で，陽性と判断された場合でも，すでに十分に使用実績のあることが知られている類縁物質の皮膚感作性データとの比較，あるいは従来のアジュバントを用いないモルモット皮膚感作性試験による追加データ等から総合的に，皮膚感作性の安全性を担保できること，および LLNA が適正に実施できなかったと判断された場合，あるいは，LLNA の利用が適切でないと考えられる被験物質の場合，従来のモルモットを用いる皮膚感作性試験を実施することが望ましいと前章でも説明した[6]。

　なお，前章からの繰り返しになるが，in vitro 試験については触れない。多くの試験法が開発され，一部でバリデーションが実施されているが[7]，行政的に認められた試験法は現状では存在しないからである。ただし，将来的にはいくつかの試験法が公定化されると見込んでいる。

### 1 試験法

**（1）試験法の種類**

　アジュバントを用いる試験法としては，表1に示すように，Adjuvant and Patch Test，Freund's Complete Adjuvant Test，Maximization Test，Optimization Test および Split Adjuvant Test が知られている[1~3]。これらの中では，Adjuvant and Patch Test および Maximization Test の汎用度が高く，医薬品のガイドラインや化粧品の安全性評価指針に記載されている[1, 3]。Maximization Test が経済協力開発機構（OECD）の皮膚感作性試験テストガイドライン（TG：Test Guideline）406に掲載さ

## 表1-1 モルモットを用いる感作性試験の比較

|  | 医薬品 非臨床試験ガイドライン[1] | 医薬部外品の承認申請資料[2] |
|---|---|---|
| 代表的な試験法<br>（アジュバント使用） | Adjuvant and Patch Test<br>Freund's Complete Adjuvant Test<br>Maximization Test<br>Optimization Test<br>Split Adjuvant Test | Adjuvant and Patch Test<br>Freund's Complete Adjuvant Test<br>Maximization Test<br>Optimization Test<br>Split Adjuvant Test |
| 代表的な試験法<br>（アジュバント未使用） | Buehler Test<br>Draize Test<br>Open Epicutaneous Test | Buehler Test<br>Draize Test<br>Open Epicutaneous Test |
| 試験動物 | 健康な若齢白色モルモット（500g以下：1〜3カ月齢） | 原則として若齢成熟白色モルモット |
| 動物数 | 1群5匹以上 | 原則として1群5匹以上 |
| 性 | 雌雄いずれか | — |
| 試験群 | 被験物質感作群，陽性対照感作群，対照群 | 原則として被験物質感作群，陽性対照感作群，対照群を設ける |
| 投与経路および方法 | 感作処置後，2週間の休止期間をおいて惹起する | — |
| 投与回数 | — | — |
| 観察・判定 | 惹起24, 48および72時間後の皮膚反応 | — |
| 陽性対照 | p-phenylenediamine, 1-chloro-2,4-dinitrobenzene, potassium dichromate, neomycin sulfate, nickel sulfate | DNCB等の既知の皮膚感作性物質 |
| 評価 | 試験群と各対照群の反応に基づき評価 | 動物の皮膚反応をそれぞれの試験法に則した判定基準に従って評価 |

## 表1-2 モルモットを用いる感作性試験の比較

|  | 化粧品の<br>安全性評価試験法[3] | OECD TG406[4] | 化粧品の<br>安全性評価試験法[3] | OECD TG406[4] |
|---|---|---|---|---|
| 代表的な試験法<br>（アジュバント使用） | Adjuvant and Patch Test<br>Maximization Test | Maximization Test | — | — |
| 代表的な試験法<br>（アジュバント未使用） | — | — | Buehler Test | Buehler Test |
| 試験動物 | 白色モルモット | 白色モルモット | 白色モルモット | 白色モルモット |
| 動物数 | 1群5匹以上 | 1群10匹以上，対照群は5匹 | 1群5匹以上 | 1群20匹以上，対照群は10匹 |
| 性 | — | 雌雄どちらか | — | 雌雄どちらか |
| 試験群 | 被験物質感作群，陽性対照感作群，対照群 | 被験物質感作群，陽性対照感作群，対照群 | 被験物質感作群，陽性対照感作群，対照群 | 被験物質感作群，陽性対照感作群，対照群 |
| 投与経路および方法 | 経皮（Maximization Testは皮内および経皮）図1および2参照 | 皮内および経皮図1参照 | 経皮，感作処置：6時間閉塞貼付，惹起処置：3回目の貼付終了2週間後，6時間閉塞貼付，図3参照 | 経皮，感作処置：6時間閉塞貼付，惹起処置：3回目の貼付終了2週間後，6時間閉塞貼付，図3参照 |
| 投与回数 | 図1および2参照 | 図1参照 | 感作処置：1回／週，3週間計3回，惹起処置：1回 | 感作処置：1回／週，3週間計3回，惹起処置：1回 |
| 観察・判定 | 貼付除去後24時間および48時間後に投与部位を肉眼観察 | 貼付除去後24時間および48時間後に投与部位を肉眼観察 | 貼付除去後，および24時間後に投与部位を肉眼観察 | 貼付除去後24時間および48時間後に投与部位を肉眼観察 |
| 陽性対照 | DNCB等の既知の皮膚感作性物質 | hexyl cinnamic aldehyde (CAS No. 101-86-0), mercaptobenzothiazole (CAS No. 149-30-4) および benzocaine (CAS No. 94-09-7) | DNCB等の既知の皮膚感作性物質 | hexyl cinnamic aldehyde (CAS No. 101-86-0), mercaptobenzothiazole (CAS No. 149-30-4) および benzocaine (CAS No. 94-09-7) |
| 評価 | 適切に評価し得る採点法により評価 | MAGNUSSON AND KLIGMAN GRADING SCALE 0〜3点で紅斑点と浮腫を分類 | 適切に評価し得る採点法により評価 | MAGNUSSON AND KLIGMAN GRADING SCALE 0〜3点で紅斑点と浮腫を分類 |

れている[4]。

　アジュバントを用いない試験法としては，表1に示すように，Buehler Test，Draize Test および Open Epicutaneous Test が知られている[1~3]。これらの中で，Buehler Test の汎用度が高く，医薬品のガイドラインや化粧品の安全性評価指針[1, 3]および OECD 皮膚感作性試験ガイドライン TG406 に掲載されている[4]。

　以後，本章でも Adjuvant and Patch Test（図1），Maximization Test（図2）および Buehler Test（図3）に絞って比較を進めていく。

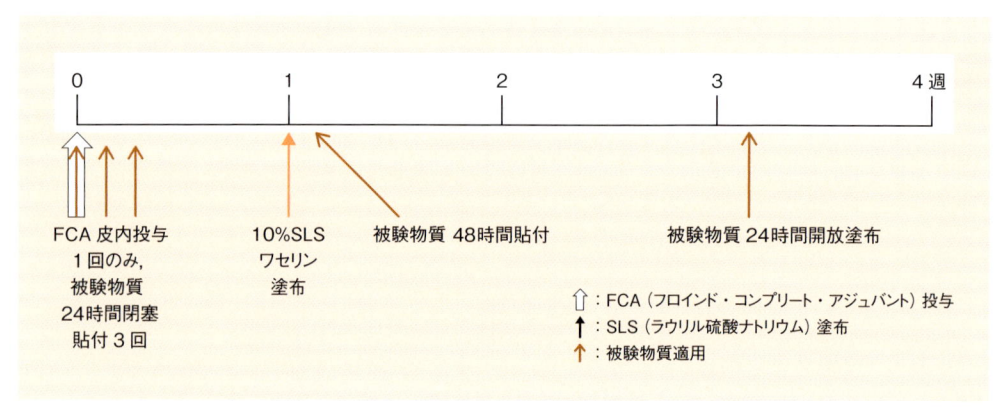

**図1　Adjuvant and Patch Test**

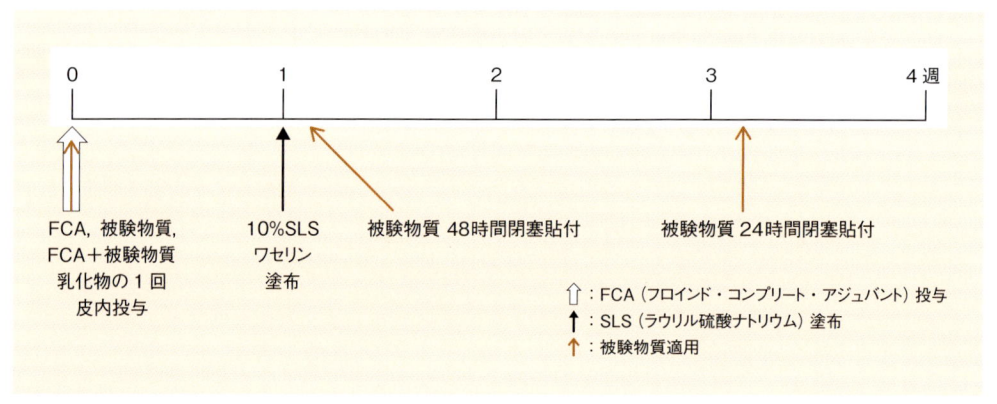

**図2　Maximization Test**

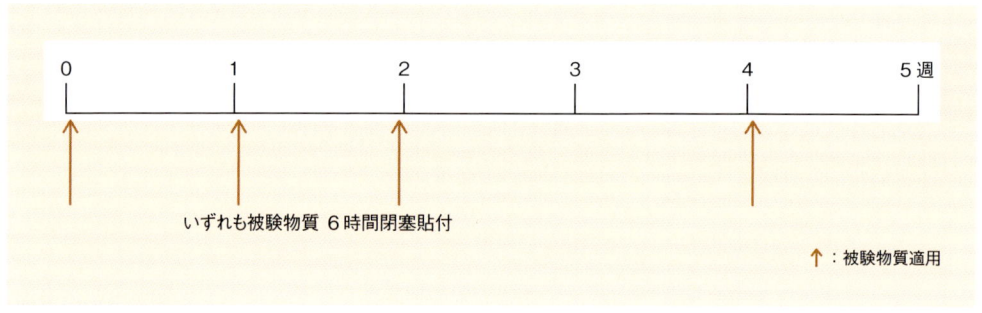

**図3　Buehler Test**

## (2) 試験法の比較

試験法の比較を表1にまとめた。試験動物としては，感受性の高い動物である白色モルモットが用いられている。モルモットは種々の被験物質においてヒトと類似した反応を示すことが知られ，その後の豊富なバックグラウンドデータの蓄積があることが主な理由である[1]。アジュバントの有無が試験法の大きな差異であり，さらに Maximization Test のみが被験物質を皮内に投与する。アジュバントとの併用から，感作性の有害性同定には最も向いていると考えられる。Adjuvant and Patch Test は粉体，難溶性物質の適用に向いている。それぞれの試験法で感作適用回数が異なる。Buehler Test においては，OECD TG406 では感作回数は6時間貼付で合計3回となっているが，原著では感作時間は6時間貼付で週3回，合計9回と記載されている[8]。

## (3) 本試験法の運用方法に関する留意点

①本試験法は，皮膚での接触感作性のリスクを動物実験によって予測するためのものであり，経口摂取，吸入曝露による感作性を検出する目的のものではない[1]。

②第1段階としてアジュバントを用いる試験法を用い，もし陽性所見が得られた場合，第2段階としてすでに十分に使用実績のあることが知られている物質と比較するか，あるいはアジュバントを用いない試験法を追加して行うことが望ましい[1,2]。Buehler Test は強感作物質から弱感作物質をとらえることができ，ヒトの使用条件に近似している[9]。

③動物の準備においては，動物を無作為に各群に振り分けるようにする。被験物質の投与前に，処置部位の毛を剪毛，あるいは剃毛により除去する[1,9]。刈毛処理のみでは被験物質の密着性が弱い場合が生じる。

④感作濃度および惹起濃度は，必要に応じてその選定理由を明らかにする[1]。感作処理では，被験物質の調整可能な最高適用濃度を適用する。皮内投与の濃度はほぼ溶解限界濃度（25%上限），貼付感作の濃度も通常最高とされている25%とする[9]。有害性を同定する場合，皮内注射する物質の濃度は投与かつ調整可能な最高適用濃度とされている[10]。リスク評価の場合，仮に最高濃度で感作性が成立した場合は，さらに感作誘導濃度の水準をいくつか設けて誘導最低濃度を求め，惹起最低濃度との関係から配合する物質がどこまでの濃度なら問題ないか検討することが重要である。しかし，この方法では多数の動物が必要となるので現実には難しい面もある。したがって，感作誘導を配合予定濃度に係数（例えば10倍）を掛けた濃度で行い，惹起濃度は配合濃度を含めて複数の濃度水準（1～100倍）をとって行われるのが一般的である。いずれの濃度でも陰性であれば，感作性の問題は少ないと判断される[10]。

⑤各群5匹は最低数である。明らかに陰性であったり，強陽性がある場合に限られる。その他の場合には，試験群は少なくとも10匹は必要となるが，この際の各対照群は最低5匹とする[1]。

⑥いずれの方法もその試験結果だけから，ヒトの皮膚感作性の予測を完全に行うことができる訳ではないが，ヒトへ外挿する場合の重要な情報になりうると考えられる[1]。

## まとめ

　動物実験の3Rsの観点から，アジュバントを用いる方法，特にMaximization Testの利用は避けるべきであろう。アジュバントを投与される際のモルモットの鳴き声は苦痛の証明であろう。さらに，Maximization Testにおいては，頸部に引き起こす皮膚反応が問題であろう。頸部には軽度の皮膚反応を起こさねばならないが，場合によっては重度の皮膚反応である痂疲や壊死を起こす確率が高いからである。Maximization Testは避け，Adjuvant and Patch TestがまだRefinementという点ですぐれている。

　現行のLLNAは，製品の評価が十分にできず[6]，有害性の同定のみでリスク評価できないという問題点を抱えている。今後開発されてくる *in vitro* 試験も同様，有害性の同定が限度であろう。できれば，LLNAや *in vitro* 試験で強い感作原を排除した後，アジュバントを用いないモルモット皮膚感作性試験を用いて，弱い感作原のリスクを評価することが3Rsおよび安全性評価の観点から望ましいと考えている。

●参考文献
1) 医薬品非臨床試験ガイドライン研究会：医薬品 非臨床試験ガイドライン解説，pp.71-76，薬事日報社，東京，(2010)
2) 承認審査の際の添付資料：第3章　医薬部外品の製造販売承認，化粧品・医薬部外品製造販売ガイドブック2008，pp.130-159，薬事日報社，東京，(2008)
3) 日本化粧品工業連合会編：化粧品の安全性評価に関する指針 (2008)，化粧品の安全性評価に関する指針，pp.1-37，薬事日報社，東京，(2008)
4) OECD test guideline 406; OECD GUIDELINE FOR THE TESTING OF CHEMICALS: skin sensitization (1992)
5) OECD test guideline 429; OECD GUIDELINE FOR THE TESTING OF CHEMICALS: Local Lymph Node Assay (2010)
6) 小島肇夫：コスメティックステージ，**2**(10)，48-51(2012)
7) JaCVAM: Available at: http://jacvam.jp/ (2012)
8) Buehler, E.V.: Delayed contact hypersensitivity in the guinea pig, *Arch. Dermatol.*, **91**, 171-177(1965)
9) 動物による皮膚感作性試験，皮膚の測定・評価マニュアル，pp.39-43，技術情報協会，(2003)
10) 皮膚感作性試験結果のヒトへの外挿およびリスクアセスメント，皮膚の測定・評価マニュアル，pp.47-59，技術情報協会，(2003)

## 各論 10 光皮膚感作性試験

### はじめに

　本章では，化粧品・医薬部外品の安全性評価のための非臨床試験の中から，光皮膚感作性試験について紹介する。モルモットを用いる試験法として Adjuvant and Split Test[1〜3]について記載する。本方法は免疫増強剤であるフロイント・コンプリート・アジュバント（FCA）を用いる[1]。アジュバントによる処理は，動物の感受性を高め，低感作性物質の検出を可能にし，ヒトでの検出をより高める目的で行われている[1]。アジュバントを用いない試験法については，以下への列記に留める。

　なお，in vitro 試験については触れない。ほとんど試験法が開発されておらず，行政的に認められた試験法は現状では存在しないからである。

### 1　光感作性とは？

　光感作性とは，光が関与する細胞性免疫応答に基づく遅延型の過敏反応であり，ほとんどの化学物質等の外来性物質が抗原となる。肉眼的および組織学的な皮膚変化として，光感作性と感作性は近似しているが，その発生頻度は感作性反応に比べればまれである[4]。光感作性は，太陽光と製剤との複合作用により引き起こされるものである。厳密には2種類の皮膚反応を生じる可能性がある。1つは光毒性であり，もう1つは光アレルギー性である[1]。皮膚科領域における光パッチテストでも両者が明確に線引きされているわけではない。

### 2　試験法

**(1) 試験法の種類**

　方法論として国際的に統一されたものはないが，表1に記載された方法は比較的多くの研究室で採用され，技術的にも確立されており，結果の再現性が高い。

　アジュバントを用いる試験法としては，表1に示すように，Adjuvant and Strip Test，アジュバントを用いない試験法として，Harber Test, Horjo Test, Jordan Test, Kochever Test, Maurer Test, Morikawa Test（Harbor法の改良），Vinson Test が知られている[1〜3]。これらの中で，Adjuvant and Strip Test の汎用度が高く，医薬品のガイドラインや化粧品の安全性評価指針に記載されている[1,3]。

表1 モルモットを用いる光感作性試験の比較

|  | 医薬品 非臨床試験ガイドライン[1] | 医薬部外品の承認申請資料[2] | 化粧品の安全性評価試験法[3] |
|---|---|---|---|
| 代表的な試験法 | Adjuvant and Strip Test<br>Harber Test<br>Horjo Test<br>Jordan Test<br>Kochever test<br>Maurer Test<br>Morikawa Test<br>Vinson Test | Adjuvant and Strip Test<br>Harber Test<br>Horjo Test<br>Jordan Test<br>Kochever test<br>Maurer Test<br>Morikawa Test<br>Vinson and Boresil Test | Adjuvant and Strip Test<br>Harber Test<br>Horjo Test<br>Jordan Test<br>Kochever test<br>Maurer Test<br>Morikawa Test<br>Vinson Test |
| 試験動物 | 健康な若齢白色モルモット（500g以下：1〜3カ月齢） | 原則としてモルモット | 白色モルモット |
| 動物数 | 1群5匹以上 | 原則として1群5匹以上 | 1群5匹以上 |
| 性 | 雌雄いずれか | ― | ― |
| 試験群 | 被験物質光感作群，陽性対照光感作群，対照群 | 原則として被験物質光感作群および対照群 | 被験物質光感作群，陽性対照光感作群，対照群 |
| 投与経路および方法 | ― | ― | 経皮<br>図1参照 |
| 投与回数 | ― | ― | 図1参照 |
| 光源 | ― | UV-A領域のランプ単独，あるいはUV-AとUV-B領域の各ランプを併用 | UV-A領域のランプ単独（10.2J/cm$^2$），またはUV-AとUV-B領域のランプ |
| 観察・判定 | 惹起24，48および72時間後の皮膚反応 | ― | 光惹起処置の照射終了後，24時間および48時間目に投与部位を肉眼観察 |
| 陽性対照 | 適切な光感作性物質 | 6-メチルクマリン，テトラクロロサリチルアニリド等の既知の光感作性物質 | 6-メチルクマリン，テトラクロロサリチルアニリド等の既知の光感作性物質 |
| 評価 | 試験群と各対照群の反応に基づき評価 | 動物の皮膚反応をそれぞれの試験法に則した判定基準に従って評価 | 適切に評価し得る採点法により判定・評価 |

以後，本章でも Adjuvant and Strip Test に絞って成書の内容を比較していく。

## (2) 試験法の比較

成書の比較を表1にまとめた。試験動物としては，感受性の高い動物である白色モルモットが用いられている。モルモットは種々の被験物質においてヒトと類似した反応を示すことが知られ，その後の豊富なバックグラウンドデータの蓄積があることが主な理由である[1]。Adjuvant and Strip Test の試験法を図1に示す[4]。モルモットの頸部を刈・剃毛処理し，2×4cm$^2$部位の区画4隅に蒸留水にて乳化した FCA を0.1mL皮内投与する。同区画をテープストリッピングし，被験物質（0.1mLまたは0.1g）を開放塗布し，30分後に紫外線（ブラックライト：東芝FL40S/BLBランプ，10.2J/cm$^2$）を照射する。24時間ごとに5回行うことにより感作誘導を行う。感作誘発操作として，実験開始21日目に背部を刈・剃毛処理し，両側に被験物質を開放塗布し（0.02mLまたは0.02g/1.5×1.5cm$^2$），30分後に片側のみ紫外線（ブラックライト，10.2J/cm$^2$）を照射する。残りの片側はアルミホイルにて被覆し，対照部位とする。判定は，光惹起処置の照射終了後，24時間および48時間目に投与部位を肉眼観察する。

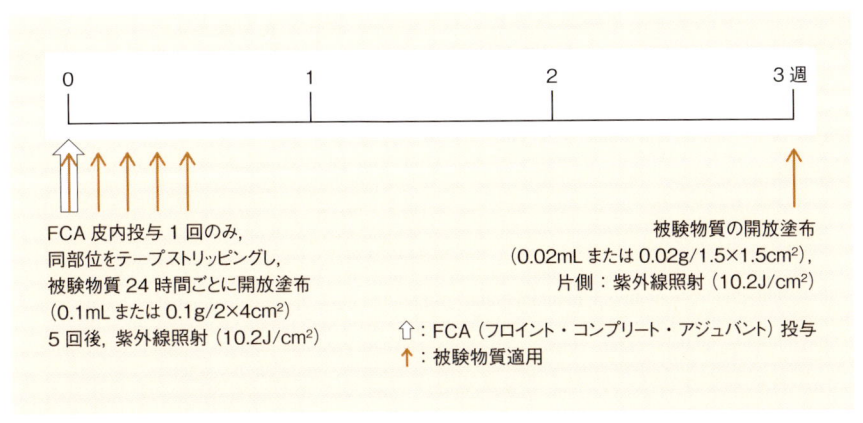

図1　Adjuvant and Strip Test

## (3) 本試験法の運用方法に関する留意点

① 紫外部（290〜400nm）に極大吸収を有する被験物質に対して適用する。紫外部吸収スペクトルで吸収極大が認められない場合には省略できるが，280〜450nmで吸収極大の有無を確認する[3]。

② 本試験法は，皮膚での接触感作性のリスクを動物実験によって予測するためのものであり，その他の経路による光感作性を検出する目的のものではない[1]。

③ 陽性所見が得られた場合には，既知物質と比較するか，あるいは異なった方法（アジュバントを用いない，またはテープストリッピングしない方法など）を追加すれば，評価が行いやすくなる。また，光感作性は，光毒性と光アレルギー性の2種類の皮膚反応に基づいて生じる可能性があるので，光毒性について考察を加えることが望ましい[1]。

④ 動物の準備においては，動物を無作為に各群に振り分けるようにする。被験物質の投与前に，処置部位の毛を剪毛，あるいは剃毛により除去する[1,4]。刈毛処理だけでは被験物質の密着性が弱い場合が生じる。

⑤ 各群5匹は最低数である。明らかに陰性であったり，強陽性がある場合に限られる。その他の場合には，試験群は少なくとも10匹は必要となるが，この際の各対照群は最低5匹とする[1]。

⑥ 被験物質の光感作強度を把握するためには，最小感作誘導濃度および最大惹起濃度についても確認する必要がある[4]。

⑦ 光感作性を評価する上で，感作性，光毒性および一次皮膚刺激性を予知することも可能であるが，これらが光感作性の評価を妨げることもある。被験物質の特性を理解するためにも，感作性，光毒性および一次皮膚刺激性をあらかじめ確認しておく[4]。

⑧ アジュバントとテープストリッピングによる角質剥離を組み合わせることによって，精度の高い試験法に改良されてきたが，試験の詳細な操作法については検討，改良の余地がある[4]。

⑨ 光遺伝毒性は必要ないとの見解が遺伝毒性国際ワークショップ（International Workshop on Genotoxicity Testing：IWG）から報告されている[5]。

⑩ 昨今，自然光を想定したソーラーシミュレーターが普及しており，*in vitro*光毒性試験でも利用されている[6]。紫外線A波を中心としたブラックライトの使用は再考が必要かもしれない。

⑪いずれの方法もその試験結果だけから，ヒトの光感作性の予測を完全に行うことができるわけではないが，ヒトへ外挿する場合の重要な情報となりうると考えられる。

## まとめ

　動物実験の3Rsの観点から可能な限りアジュバントを用いる方法の利用は避けるべきであろう。実施する場合は，Refinementを考慮し，例えば，アジュバントを用いないMorikawa Test等に取り組むべきである。局所リンパ節試験（Local Lymph Noda Assay：LLNA）[7]を用いた光感作性の検討がなされているものの[8〜11]，他にいっこうに本試験法の代替法に関する進展がない。

　仮に現行のLLNAを光感作性のために改良できたとしても，LLNAは製品の評価が十分にできず[7]，有害性の同定のみでリスク評価できないという問題点を抱えている。今後開発されてくるであろう in vitro 試験も同様，有害性の同定が限度であろう。現状のままでは，モルモットを用いる試験法を使い続けるしか手がない。アジュバントを用いない試験法により，光感作原のリスクを評価することが3Rsおよび安全性評価の観点から望ましい。

　冒頭にも書いたが，光毒性と光感作性を区別して評価することは難しく，実際には両者が共に起こることも多いといわれている[1]。現行の in vitro 光毒性試験[6,12]と in vivo 光毒性試験（in vitro 陽性の場合に実施）で光感作性物質がどこまでふるい落とせるかを精査すべきである。感度が高いという理由でAdjuvant and Strip Testの実施ありきではない。仮にMorikawa Test等を実施する場合においても，広義の光毒性物質をできる限りの情報で検出すべく実施前に検討を望みたい。あるいは，光感作性試験では，感作性，光毒性および一次皮膚刺激性を予知することも可能であることを考慮して，それぞれの試験を動物実験で行うことは止め，バリデーションされた in vitro 試験を行った後[13]，本試験法のみで種々の毒性（感受性，光毒性および一次皮膚刺激性）を評価するというReductionも考慮すべきであると考えている。

● 参考文献

1) 医薬品 非臨床試験ガイドライン研究会：医薬品 非臨床試験ガイドライン解説，pp.77-81，薬事日報社，東京，(2010)
2) 承認審査の際の添付資料：第3章 医薬部外品の製造販売承認，化粧品・医薬部外品製造販売ガイドブック2008，pp.130-159，薬事日報社，東京，(2008)
3) 日本化粧品工業連合会編：化粧品の安全性評価に関する指針（2008），化粧品の安全性評価に関する指針，pp.1-37，薬事日報社，東京，(2008)
4) 光感作性試験，皮膚の測定・評価マニュアル，pp.69-72，技術情報協会，(2003)
5) Lynch AM, Guzzie PJ, Bauer D, Gocke E, Itoh S, Jacobs A, Krul CA, Schepky A, Tanaka N, Kasper P: Considerations on photochemical genotoxicity. II: report of the 2009 International Workshop on Genotoxicity Testing Working Group, *Mutat Res*, **723**(2), 91-100(2011)
6) OECD test guideline 432; OECD GUIDELINE FOR THE TESTING OF CHEMICALS: In Vitro 3T3 NRU phototoxicity test.(2004)
7) ECD test guideline 429; OECD GUIDELINE FOR THE TESTING OF CHEMICALS: skin sensitization assay(2010)
8) Scholes EW, Basketter DA, Lovell WW, Sarll AE, Pendlington RU: The identification of photoallergic potential in the local lymph node assay, *Photodermatol Photoimmunol Photomed*. 1991, **8**(6), 249-254(1991)
9) Ulrich P, Homey B, Vohr HW: A modified murine local lymph node assay for the differentiation of contact photoallergy from phototoxicity by analysis of cytokine expression in skin-draining lymph node cells, *Toxicology*, **125**(2-3), 149-168(1998)
10) Vohr HW, Blümel J, Blotz A, Homey B, Ahr HJ: An intra-laboratory validation of the Integrated Model for the Differentiation of Skin Reactions (IMDS): discrimination between (photo) allergic and (photo) irritant skin reactions in mice, *Arch Toxicol*, **73**(10-11), 501-509(2000)
11) Neumann NJ, Blotz A, Wasinska-Kempka G, Rosenbruch M, Lehmann P, Ahr HJ, Vohr HW: Evaluation of phototoxic and photoallergic potentials of 13 compounds by different in vitro and in vivo methods, *J Photochem Photobiol B*. 2005 Apr 4; **79**(1), 25-34. Epub 2005 Jan 12.
12) 厚生労働省事務連絡：皮膚感作性試験代替法及び光毒性試験代替法を化粧品・医薬部外品の安全性評価に活用するためのガイダンスについて（平成24年4月26日）
13) JaCVAM: Available at: http://jacvam.jp/ (2012)

# 各論 11 単回投与毒性試験 —経口—

## はじめに

本章では，化粧品・医薬部外品の安全性評価のための非臨床試験の中から，単回投与毒性試験について紹介する[1~3]。本試験法はヒトでの過量投与時の影響を予測するために有用である一方，毒劇物の指定[4]や化学物質安全性データシート（Material Safety Data Sheet：MSDS）の有害性情報の中で，その物質の毒性程度をはかる有用な試験法である。投与経路に関しては，化粧品原料の特性を考慮し，必要に応じて経皮，または吸入経路を用いるとされている[3]が，本章では経口投与による毒性評価に留めた。

なお，*in vitro*試験については経済協力開発機構（OECD）ガイダンス文書No. 129 "GUIDANCE DOCUMENT ON USING CYTOTOXICITY TESTS TO ESTIMATE STARTING DOSES FOR ACUTE ORAL SYSTEMIC TOXICITY TESTS" の利用について触れる[5]。長期間にわたり代替試験法の検討はされており，2013年EUにおいて*in vitro*試験法が行政に推奨されている。この紹介は次章に記す。

## 1 単回投与毒性とは？

被験物質を単回投与したときの毒性症状とその用量関係を詳細に検討するものである[6]。他の試験で用いられないような高用量の被験物質を哺乳動物に単回投与し，一般状態の変化を主な指標として被験者物質による毒性の推移を質的および量的に解明することを目的とする[3]。

## 2 試験法

### （1）試験法の比較

化学物質，医薬品，医薬部外品および化粧品のガイドラインに関する成書の比較を表1にまとめた[1~3]。医薬品と化学物質，化粧品，医薬部外品では試験法の目的が異なることから，試験動物や性差などが異なる。

OECDテストガイドライン（TG：Test Guideline）では，急性経口毒性試験として当初1987年に設定されたTG401に代わり[7]，TG420固定用量法およびTG423毒性等級法が2002年に，TG425上げ下げ

## 表1　単回経口投与毒性試験の比較

| | OECDテストガイドライン 420, 423, 425 | 医薬品 非臨床試験ガイドライン[1] | 医薬部外品の承認申請資料[2] | 化粧品の安全性評価試験法[3] |
|---|---|---|---|---|
| 試験動物 | ラット | 2種類以上の動物を使う。1種はげっ歯類，1種はウサギ以外の非げっ歯類 | ラットまたはマウス | 同左 |
| 動物数 | 表2参照 | 目的，研究者の意図による | 1群5匹以上 | 同左 |
| 性 | 雌性 | 少なくとも1種の動物では性差検討 | 雄性および雌性 | 同左 |
| 投与経路 | 経口，強制投与 | 臨床適用経路 | 強制経口投与（投与前一定時間絶食） | 経口，強制投与 |
| 用量段階 | 表2参照 | 必要な用量段階 | 急性の毒性徴候を把握できる適切な用量段階を設定する（ただし，2,000mg/kg以上の1用量での試験で被験物質と関連した死亡が生じなければ，用量段階を設ける必要はない）。 | 同左 |
| 投与回数 | 1回 | 1回，一度に投与することが困難な被験物質について，24時間以内に分割投与も可 | 1回 | 1回 |
| 観察・判定 | 各動物について，投与30分以内に少なくとも，1回，24時間以内は定期的に，およびその後は毎日1回，14日間観察を行う。投与後は，週1回体重を測定する。ただし，観察期間は厳密に固定せずに毒性反応やその発現時期，または回復期間の長さに基づいて決め，必要と考えられる場合には延長する。毒性徴候の発現時期と消失時期は，特に毒性徴候が遅れて発現する傾向にある場合には重要である。各動物について個別の記録を残すとともに，すべての観察結果を体系的に記録する。すべての試験動物について剖検を行い，すべての肉眼病理学的変化を動物ごとに記録する。 | 観察期間は2週間，投与後数時間は連続して，その後は1日1回以上の観察をする。非げっ歯類については，げっ歯類では難しい観察点について特に注意して十分な検査を行う。体重測定の頻度は，画一的に規定していない。げっ歯類については，すべての動物を剖検し，肉眼的に変化が認められた器官・組織は必要に応じて摘出し，病理学的検査を行う。非げっ歯類については，規定していない。 | 毒性徴候の種類，程度，発現，推移および可逆性，用量と時間の関連で観察，記録する。観察期間は通常14日とする。ただし，この間に毒性徴候を示し消褪しない場合については，さらに観察期間を延長する場合がある。観察期間中の死亡例，および観察期間終了後の生存例は全部剖検する。器官，組織については必要に応じて病理組織学的検査を行う。毒性徴候および死亡（遅延死亡を含む）については，可能な限り原因の考察を行う。 | 同左 |
| その他 | TG420および423については，正確な$LD_{50}$算出目的ではなく，GHSに従った分類および等級付けである。 | | 経口投与における概略致死量が2,000mg/kg以下の場合，製剤についても実施すること。ただし，配合量から考慮して安全と推定される場合には省略できる。 | OECDの取扱いに従い，致死量については概略の致死量で示すこと。 |

法が2008年に公定化されている。それらの相違点を表2にまとめた[8〜11]。これらは動物実験の3Rsを考慮して慎重に被験物質を投与して，毒性分類を行うプロトコルになっている。

　試験法の共通事項としては，単回経口投与であることはもちろん，①動物種としてげっ歯類を用いる場合には，ラットが汎用されること，②性としては両性を実施せずとも，雌性は必須であること，③投与前には一定時間絶食とすること，④投与量は，水溶液では体重100g当たり2mL，懸濁液や水以外の溶媒では同じく1mLを超えない量としていること[1]，⑤観察は14日間行うこと，⑥限度試験に関する記載がある。

表2 単回経口投与毒性試験に関するOECDテストガイドラインの比較

| No. | 420 | 423 | 425 |
|---|---|---|---|
| 試験名 | 固定用量法 | 毒性等級法 | 上げ下げ法 |
| 開始投与用量試験での使用動物数 | 1（見当付け試験） | 1用量に3（片性） | 1 |
| 初回濃度（mg/kg） | 5, 50, 300, 2,000のいずれかから、段階的な方法で投与、1匹ずつ連続投与 | 5, 50, 300, 2,000のいずれかから段階的な方法で投与 | 1.75, 5.5, 17.5, 55, 175, 550, 2,000を用い、段階的な方法で投与、1匹ずつ連続投与 |
| 次の対応 | 1）試験終了して有害性区分決定、2）より高い固定用量、3）より低い固定用量のいずれかを実施する、主試験で4匹追加する。 | 1）同じ用量、2）それ以上不要、3）その上、その下の用量を別の3匹に投与する。 | 以下の中止基準に1つでも該当したら、中止 1）連続する3匹が上限で生存、2）連続する動物6匹に投与したら5匹に逆転がある、3）最小の逆転後4匹以上が続き、特定の尤度値が限界値を超える。 |
| 動物への投与間隔 | 見当付け試験：24時間、主試験：各用量における投与間隔3〜4日 | 3匹の試験終了後 | 48時間 |
| 合計匹数／群 | 5 | 6 | 5 |
| 用量段階 | 5, 50, 300, 2,000mg/kg | 5, 50, 300, 2,000mg/kg | 3.2 |
| 限度試験 | 2,000mg/kgを開始投与用量として見当付け試験を実施し、さらに4匹に同用量を投与する。 | 2,000mg/kgの1用量で段階ごとに3匹（合計6匹）を用いて行う。被験物質による死亡がみられたときには、その下の用量でさらに試験を行わなければならない場合がある。 | 2,000mg/kgの1用量を1匹、死亡なら$LD_{50}$を決定するための主試験を行う。生存なら、さらに4匹に投与し、合計5匹とする。3匹死亡したら、限度試験を中止して主試験を行う。3匹以上が生存ならば、$LD_{50}$は2,000mg/kg以上とする。 |
| $LD_{50}$値 | 致死的であることが予想される用量の投与を避けるので、求まらない。 | 算出意図なし。 | 信頼区間とともに推定する。 |

共通部分については、表1参照

## (2) 本試験法の運用方法に関する留意点

①化粧品においては、ヒトが被験物質を誤飲・誤食した場合に急性毒性反応を起こす量や症状等を予測するために実施される[3]。

②医薬部外品においては、当該被験物質の経口または実使用に即した投与経路における単回投与毒性試験での概略の致死量が2,000mg/kgもしくは投与限界量以下の場合に製剤についても実施を検討する。ただし、配合量等から考慮して安全と推測されるものについては、製剤での試験は不要となる[2]。

③医薬品の急性毒性に関する情報は、ヒトでの過量投与時の影響を予測するために有用であるが、一般にヒトに初めて投与するために必要なものとしてはみなされていない[1]。

④急性毒性に関する情報が他の試験から得られるならば、必ずしも単回投与毒性試験を実施しなくてもよい。臨床試験がGLP適合下で実施された反復投与毒性試験によって担保される場合には、GLP非適合下で実施されたものでよい[1]。

⑤限度試験は主として、被験物質に毒性がない（規制上の限界用量を超える用量でしか毒性を発現しない）可能性が高いことを示す情報がある場合に用いられる。被験物質での毒性に関する情報は、すでに試験された類似物質や混合物または製品に関する知見に加えて、既知の毒性学的に重要な成分の有無やその割合を考慮することで得られる。毒性に関する情報がほとんど、またはまったくない場合、また被験物質に毒性があると予測される場合には、主試験を行う[10]。

⑥毒劇法では次の判定基準が決められている（毒物：半数致死量（median lethal dose：$LD_{50}$が50mg/kg以下，劇物：$LD_{50}$が50mg/kgを超え300mg/kg以下)[4]。また，化学品の分類および表示に関する世界調和システム（Globally Harmonized System of Classification and Labelling of Chemicals：GHS）基準も**表3**に示すように決められている[12]。毒劇物分類が3段階であるのに対して，GHSでは5段階である。

表3　単回経口投与毒性試験のGHS区分

| GHS カテゴリー | $LD_{50}$値（mg/kg） |
| --- | --- |
| 1 | >0〜5 |
| 2 | >5〜50 |
| 3 | >50〜300 |
| 4 | >300〜2,000 |
| 5 | >2,000〜5,000 |
| Unclassified | >5,000 |

## まとめ

化粧品，医薬部外品において，OECDテストガイドラインに述べられているように，動物実験の3Rsの観点から，まず細胞毒性試験を用いて，最高投与量の決定を行うことが望ましい。次にげっ歯類を用いて$LD_{50}$値という値にかかわらず，GHS基準に分類できればよいという姿勢で結果を求めるべきであると考える。実験者によっては概略値しか求めないことに疑問を感じる者がいるが，実験者の自己満足のための動物実験ではない。日本でも固定用量法でも化学物質の毒性分類のための試験法として十分に有効であるとの結果も得られており[22]，目的に適っている。

● 参考文献

1) 医薬品非臨床試験ガイドライン研究会：医薬品　非臨床試験ガイドライン解説，pp.11-15，薬事日報社，東京，(2010)
2) 承認審査の際の添付資料：第3章　医薬部外品の製造販売承認，化粧品・医薬部外品製造販売ガイドブック2008，pp.130-159，薬事日報社，東京(2008)
3) 日本化粧品工業連合会編：化粧品の安全性評価に関する指針(2008年)，化粧品の安全性評価に関する指針，pp.1-37，薬事日報社，東京，(2008)
4) 毒劇物指定：http://www.nihs.go.jp/law/dokugeki/kijun.pdf
5) 務台 衛：臓器毒性・毒性試験，新版　トキシコロジー，日本トキシコロジー学会教育委員会編集，pp.150-153，(2009)
6) OECD, OECD test guideline 401；OECD GUIDELINE FOR THE TESTING OF CHEMICALS: Acute Oral Toxicity (1987)
7) OECD, OECD test guideline 420；OECD GUIDELINE FOR THE TESTING OF CHEMICALS: Acute Oral Toxicity - Fixed Dose Procedure (2002)
8) OECD, OECD test guideline 423；OECD GUIDELINE FOR THE TESTING OF CHEMICALS: Acute Oral Toxicity - Fixed Dose Procedure (2002)
9) OECD, OECD test guideline 425；OECD GUIDELINE FOR THE TESTING OF CHEMICALS: Acute Oral Toxicity - Up-and-Down-Procedure (UDP) (2008)
10) 最新OECD毒性試験ガイドライン，化学工業日報，東京，(2010)
11) 環境省：Available at: http://www.env.go.jp/chemi/ghs/ (2012)
12) Borenfreund E, Puerner JA: Toxicity determination in vitro by morphological alterations and neutral red absorption. *Toxicol Lett*, **24**, 119-124(1985)
13) Clemedson C, Barile FA, Ekwall Ba, Gon. Toxicol Lett 24: 119-124. K, et al.: MEIC evaluation of acute systemic toxicity. Part III. In vitro results from 16 additional methods used to test the first 30 reference chemicals and a comparative cytotoxicity analysis, *Altern Lab Anim*, **26**(suppl 1), 93-129(1998a)
14) Clemedson C, Andersson M, Aoki Y, Barile FA, Bassi AM, Calleja MC, et al.: MEIC evaluation of acute systemic toxicity. Part IV. In vitro results from 67 toxicity assays used to test reference chemicals 31-50 and a comparative cytotoxicity analysis, *Altern Lab Anim*, **26**(suppl 1), 131-183(1998b)
15) Ekwall B: Screening of toxic compounds in mammalian cell cultures, *Ann New York Acad Sci*, **407**, 64-77(1983)
16) Halle W: Toxizitätsprüfungen in Zellkulturen für eine Vorhersage der akuten Toxizität (LD[50]) zur Einsparung von Tierversuchen. *Life Sciences/Lebenswissenschaften*, Volume 1, Jülich: Forschungszentrum Jülich. (1998)
17) Halle W: The Registry of Cytotoxicity: Toxicity testing in cell cultures to predict acute toxicity (LD[50]) and to reduce testing in animals, *Altern Lab Anim*, **31**, 89-198(2003) (English translation of Halle 1998)
18) Interagency Coordinating Committee on the Validation of Alternative Methods (ICCVAM), National Toxicology Program (NTP) Interagency Center for the Evaluation of Alternative Toxicological Methods (NICEATM), National Institute of Environmental Health Sciences, National Institutes of Health, U. S. Public Health Service, Department of Health and Human Services, BACKGROUND REVIEW DOCUMENT, in vitro Cytotoxicity Test Methods for Estimating Acute Oral Systemic Toxicity, NIH Publication No: 07-4518
19) ICCVAM: Report Of The International Workshop On In vitro Methods For Assessing Acute Systemic Toxicity. NIH Publication No. 01-4499. Research Triangle Park, NC: National Institutefor Environmental Health Sciences. Available at: http://iccvam.niehs.nih.gov/ (2001)
20) ICCVAM: Guidance Document On Using In vitro Data To Estimate In vivo Starting Doses For Acute Toxicity. NIH Publication No. 01-4500. Research Triangle Park, NC: National Institute for Environmental Health Sciences. Available at: http://iccvam.niehs.nih.gov/ (2001)
21) JaCVAM: Available at: http://jacvam.jp/ (2012)
22) 山中すみえ：単回投与毒性試験，*AATEX*, **5**, supplemen, 325-331(1998)

# 各論 12 動物を用いない単回投与毒性試験

## はじめに

　動物を用いない単回投与毒性試験（*in vitro* 試験）については長期間にわたり，動物実験代替法（以下，代替法と記す）の検討がなされてきた[1~5]。これらの検討を経た結果として，経済協力開発機構（OECD）ガイダンス文書No.129 "GUIDANCE DOCUMENT ON USING CYTOTOXICITY TESTS TO ESTIMATE STARTING DOSES FOR ACUTE ORAL SYSTEMIC TOXICITY TESTS"[6]および The European Union Reference Laboratory for alternatives to animal testing（EURL ECVAM）で推奨された細胞毒性試験[7]およびプラスチック製医薬品容器および輸液用ゴム栓のために日本薬局方に収載されている細胞毒性試験が公定化されている[8]。本章ではこれらの概要について触れる。

## 1 細胞毒性の利用

### (1) OECD の推奨

　OECD ガイダンス文書No.129では，*in vitro* 細胞毒性試験による急性経口毒性試験の初回投与量設定試験が定められている[6]。JaCVAM においても，このガイダンスのもとになる代替毒性試験法評価のための NTP 省庁間センター（The NTP Interagency Center for the Evaluation of Alternative Toxicological Methods：NICEATM）-代替法の妥当性検証のための機関間調整委員会（The Interagency Coordinating Committee on the Validation of Alternative Methods：ICCVAM）の資料をもとに[9~11]，本分野の専門家による評価がなされた。その結果，「当該試験法の有用性はそれほど大きなものでない。しかし，これを採用することの利点は存在し，しかも欠点は致命的なものでない。強制力を持たせないで，これを行政的に提案し，推奨することは 3Rs 原則にそったものである」と結論されている[11]。

### (2) EURL ECVAM の推奨

　2013年4月，EURL ECVAM は，急性経口毒性の分類（GHS の 4 つの急性毒性分類に該当しない $LD_{50}>2,000mg/kg$ に該当する「急性経口毒性物質を分類しない」という同定のために，3T3 Neutral Red Uptake（NRU）*in vitro* 細胞毒性試験の利用を推奨した[7]。正式には本試験法の ECVAM バリデーション研究の第三者評価報告書を承認した。具体的な方法を表1に示す。

①ECVAM および NICEATM/EURL ECVAM バリデーション研究の結果から[10,11]，3T3 NRU法は毒性と無毒性の区分，分類と非分類という予測モデルにおいて，高い感度（約95％）を持ち，偽陰性率も約5％と低いことがわかっている。それゆえ，本試験の限界をよく理解した上で，陰性となった物質の急性経口投与毒性は＞2,000mg/kgにあたると結論できる。

②3T3 NRU法は，多くの細胞種に共通な一般的な毒性機構である"基本的な細胞毒性"を引き起こす有害物質に対し感度がよい。しかし，細胞種や組織（例えば，心臓や神経系）に特異的な作用を示す細胞毒性に依存しない化学物質はこの方法により急性毒性を検出できない。さらに，本細胞は代謝能を持っていないので，代謝活性を必要とする化学物質は検出できない。それゆえ，本試験法で陰性の場合には，注意が必要である。

③試験法の限界を考慮して，3T3 NRU法の結果は，他の情報と組み合わせて急性経口投与毒性と分類されない決定に使われるべきである。補足的な情報源として，類似構造物，物理化学的性質，構造活性相関，トキシコキネティックスデータなどがあげられる。3T3 NRU法は，証拠の重み付け（Weight of Evidence：WoE）やIntegrated Testing Strategy（ITS）の一部である。

④3T3 NRU法のデータは，工業化学物質の安全性評価のため，REACH法（1907/2006/EU）の中で，WoEの標準的な必要情報として使用できる。

⑤3T3 NRU法の偽陽性率は高く，陽性結果は重要ではない。吸収分布代謝排泄（ADME）のような重要な生物動力学的段階をとらえていないので，細胞毒性はあっても，急性経口毒性がない場合もありうる。

⑥当該試験法は，急性や慢性健康影響に関係する毒性作用機構の主作用である細胞毒性の情報を提供するものであり，ECVAMバリデーション研究では自動化，ハイスループットスクリーニングが可能な当該試験法は，化学物質の有害性プロファイルの貴重かつ経済的な情報源である。

⑦実験動物保護を謳った2010/63/EU規制に準じ，動物実験の削減，その補足的な情報として，動物実験を実施して急性毒性を同定する前の最初のスクリーニングツールと考えられる。

## （3）日本薬局方収載　細胞毒性試験

　日本薬局方に収載されているプラスティック製医薬品容器および輸液用ゴム栓試験法の中に記載されている細胞毒性試験について言及する。具体的な方法を表1に示す。本試験法は，プラスティック製医薬品容器および輸液用ゴム栓の培地抽出液の細胞毒性を評価することにより，それらの毒性物質を検出するものである。化粧品成分の試験とは無関係であることから，抽出方法に関する記載を本章ではしていない。なお，細胞毒性試験に適合しない場合には，急性毒性試験を実施することになっている。

表1 細胞毒性試験の基本事項

| No. | 項目 | ECVAM, NICEATM | 日本薬局方 |
|---|---|---|---|
| 1 | 細胞種 | BALB/c 3T3 細胞, clone 31（ATCC, CCL-163） | L929細胞（ATCC, CCL1）または V79細胞（JCRB 0603） |
| 2 | 培養液 | 10%子牛血清を含む Dulbecco's Modification of Eagle's Medium（DMEM） | L929：10%牛胎児血清を含む Eagle's Medium, V79：5%牛胎児血清を含む Eagle's Medium |
| 3 | 培養条件 | 温度37℃±1℃, 湿度90%±5%, $CO_2$濃度5%±1% | 温度37℃, $CO_2$濃度5% |
| 4 | 細胞播種数 | 2.0〜3.0×10³cells/well/96well plate | 100cells/well/24well plate |
| 5 | 前培養時間 | 24±2時間 | 4〜24時間 |
| 6 | 被験物質最高濃度 | 100mg/mL または最大溶解濃度 | 100%試験試料の抽出液 |
| 7 | 被験物質公比 | 3.16（=2√10） | 2 |
| 8 | 被験物質処理時間 | 48±0.5時間 | L929細胞：7〜9日間, V79細胞：6〜7日間 |
| 9 | 陽性対照物質 | ラウリル硫酸ナトリウム | ジエチルジチオカルバミン酸亜鉛を0.1%含有するポリウレタンフィルムまたはジブチルジチオカルバミン酸亜鉛を0.25%含有するポリウレタンフィルム |
| 10 | 陰性対照物質 | | 高密度ポリエチレンフィルム |
| 11 | 対照物質 | | ジエチルジチオカルバミン酸亜鉛またはジブチルジチオカルバミン酸亜鉛 |
| 12 | 測定指標 | ニュートラルレッド取り込み法 | コロニー形成法 |
| 12 | 測定指標 | ニュートラルレッド濃度：25μg/mL | 固定：メタノールまたは希ホルムアルデヒド試液 |
| 13 | 測定指標 | ニュートラルレッド処理時間 3±0.1時間 | 染色：希ギムザ試液 |
| 14 | 測定指標 | ニュートラルレッド抽出：エタノール50%／酢酸1％溶液, 20〜45分間振とう | |
| 15 | 吸光度 | 540nm±10nm | |
| 16 | 測定指標 | IC50値 | IC50値 |
| 17 | 適合基準 | 1）SLS の IC50値が各施設の背景結果の2.5SD 内にある | IC50 90%以上 |
| 17 | 適合基準 | 2）溶媒対照の左側と右側の平均値が，すべての平均溶媒対照に対し，15%未満である | |
| 17 | 適合基準 | 3）>0%〜50.0%生存率に少なくと1点および>50.0%〜<100%に少なくとも1点 | |

## まとめ

　OECD ガイダンス No.129に述べられているように[6]，動物実験の3Rsの観点から，化粧品，医薬部外品における単回投与毒性評価をするには，まず細胞毒性試験を用いて，最高投与量の決定を行うことが望ましい。次にげっ歯類を用いて$LD_{50}$値という値にこだわらず，大まかな GHS カテゴリーに分類できればよいという姿勢で結果を求めるべきである。本試験法の in vitro のみによる評価は難しく，現状では動物数の削減に利用することが最もふさわしい。

　ただし，これでは欧州の化粧品規制に合致できない。そこで，EURL ECVAM では「急性経口毒性

物質を分類しない」という同定のために細胞毒性を推奨するという提案を打ち出した[7]。この考えは科学的には根拠が乏しく，国際的なガイドラインにはなりにくいであろうが，単回毒性においてGHSに分類されないという物質のふるいわけには使用できるようである。

---

● 参考文献

1) Clemedson C, Barile FA, Ekwall Ba, Gon. K, et al. : MEIC evaluation of acute systemic toxicity. Part III. In vitro results from 16 additional methods used to test the first 30 reference chemicals and a comparative cytotoxicity analysis. Altern Lab Anim 26(suppl 1) : 93-129(1998)

2) Clemedson C, Andersson M, Aoki Y, Barile FA, Bassi AM, Calleja MC, et al. : MEIC evaluation of acute systemic toxicity. Part IV. In vitro results from 67 toxicity assays used to test reference chemicals 31-50 and a comparative cytotoxicity analysis. Altern Lab Anim 26 (suppl 1) : 131-183(1998)

3) Ekwall B. : Screening of toxic compounds in mammalian cell cultures. Ann New YorkAcad Sci 407: 64-77(1983)

4) Halle W. : Toxizitätsprüfungen in Zellkulturen für eine Vorhersage der akuten Toxizität (LD50) zur Einsparung von Tierversuchen. Life Sciences/Lebenswissenschaften, Volume 1, Jülich: Forschungszentrum Jülich (1998)

5) Halle W. : The Registry of Cytotoxicity: Toxicity testing in cell cultures to predict acute toxicity (LD50) and to reduce testing in animals. Altern Lab Anim 31: 89-198(2003)

6) OECD Series on Testing and Assessment No. 129: GUIDANCE DOCUMENT ON USING CYTOTOXICITY TESTS TO ESTIMATE STARTING DOSES FOR ACUTE ORAL SYSTEMIC TOXICITY TESTS (2010)

7) EURL ECVAM Recommendation on the 3T3 NRU Assay for Supporting the Identification of Substances Not Requiring Classification for Acute Oral Toxicity (2013) Available: http://ihcp.jrc.ec.europa.eu/our_labs/eurl-ecvam/eurl-ecvam-recommendations/files-3t3/ReqNo_JRC79556_lbna25946enn.pdf

8) 医療機器の製造販売承認申請等に必要な生物学的安全性評価の基本的考え方について（平成24年3月1日，薬食機発0301第20号）

9) Interagency Coordinating Committee on the Validation of Alternative Methods (ICCVAM), National Toxicology Program (NTP) Interagency Center for the Evaluation of Alternative Toxicological Methods (NICEATM), National Institute of Environmental Health Sciences, National Institutes of Health, U. S. Public Health Service, Department of Health and Human Services, BACKGROUND REVIEW DOCUMENT, in vitro Cytotoxicity Test Methods for Estimating Acute Oral Systemic Toxicity, NIH Publication No: 07-4518(2006)

10) ICCVAM: Report Of The International Workshop On In vitro Methods For Assessing Acute Systemic Toxicity. NIH Publication No. 01-4499. Research Triangle Park, NC: National Institutefor Environmental Health Sciences. Available: http://iccvam.niehs.nih.gov/ (2001)

11) ICCVAM: Guidance Document On Using In vitro Data To Estimate In vivo Starting Doses For Acute Toxicity. NIH Publication No. 01-4500. Research Triangle Park, NC: National Institute for Environmental Health Sciences. Available: http://iccvam.niehs.nih.gov/ (2001)

## 各論 13 反復経口投与毒性試験

### はじめに

　本章では，化学物質の毒性を最も的確に予見するといわれる反復経口投与毒性試験について紹介する。医薬部外品の申請ガイドブックでは，実使用時の適用経路に準じ選択することが望ましく，経皮投与が困難な場合に経口でも可と記載されている[1]。

　なお，行政的に認められた *in vitro* 試験法は現状では存在しないが，吸収・分布・代謝・排泄のために経皮吸収試験ではなく，*in vitro* 皮膚透過性試験の利用が増えている。その場合には，安定した薬物の曝露が期待される強制経口投与が選択された反復経口投与毒性試験で求められた薬物の全身クリアランスを必要とする。よって，医薬部外品主剤の安全性評価においても本試験が重要となりつつある。

### 1　反復投与毒性とは？

　反復投与毒性試験とは，被験物質を哺乳動物に 2 週間〜 9 カ月間繰り返し投与した時に，明らかな毒性変化を惹起する用量とその変化の内容，用量相関性および毒性変化の認められない用量（無毒性量：NOAEL）を求めることを目的とする[2,3]。

### 2　試験法

#### （1）試験法の比較

　化学物質（OECD TG407〜409）および医薬品の非臨床試験ガイドラインに関する成書の比較を表1にまとめた[2,4〜6]。化学物質と医薬品では試験法の目的が異なることから，試験動物種やその数などが異なる。医薬部外品に関する安全性資料は医薬品のガイドラインに準拠するとされているものの，詳細な記載はない[1]。化粧品の指針には試験法の記載はない。特定標的臓器毒性における UN（United Nation）　GHS（The Globally Harmonized System of Classification and Labelling of Chemicals）基準においては[7]，「人に重大な毒性を示した物質，または実験動物での試験の証拠に基づいて反復曝露によって人に重大な毒性を示す可能性があると考えられる物質」，「動物実験の証拠に基づき反復曝露によって人の健康に有害である可能性があると考えられる物質」および非表示の 3 段階の区分が設定

表1　反復経口投与毒性試験の比較

| | OECD テストガイドライン407-409[4~6] | 医薬品 非臨床試験ガイドライン[2] | 医薬部外品の承認申請資料[1] |
|---|---|---|---|
| 試験動物 | げっ歯類は成熟ラット(407-408)，非げっ歯類はイヌ(409) | 2種類(1種はげっ歯類，1種はウサギ以外の非げっ歯類) | 記載なし |
| 動物数 | 少なくとも10匹(407)<br>少なくとも20匹(408)<br>少なくとも8匹(409) | げっ歯類：雌雄各10匹以上<br>非げっ歯類：雌雄各3匹以上 | 記載なし |
| 性 | 雌性5匹，雄性5匹(407)<br>雌性10匹，雄性10匹(408)<br>雌性4匹，雄性4匹(409) | 両性 | 記載なし |
| 投与経路 | 強制経口投与：①胃管または適切な挿管カニューレを用いて単回投与，②混餌または混水投与 | 臨床適用経路，2通り①胃管を用いるか，カプセル剤または錠剤の形で強制的に投与する方法，②飼料または飲水に添加して与える方法 | 実使用時の適用経路に準じ選択することが望ましい(経皮適用が困難な場合は経口でも可) |
| 用量段階 | 少なくとも3用量。各群につき1用量 | 少なくとも3用量。各群につき1用量 | 記載なし |
| 投与期間 | 28日間(407)，90日間(408)毎週，7日間毎日投与する。高用量で処置するサテライト群においては処置後，14日間(407)，適切な期間(408, 409)観察する。 | 臨床試験の最長期間により決まる(げっ歯類：2週間～6カ月，非げっ歯類：2週間～9カ月)。 | 3カ月以上 |
| 観察・判定 | 各動物について，毎日1回観察を行う。投与後は，週1回摂餌量，体重を測定する。各動物について個別の記録を残すとともに，すべての観察結果を体系的に記録する。すべての試験動物について試験終了時に臨床性科学的検査を行う。また，剖検を行い，すべての肉眼病理学的変化を動物ごとに記録する。 | 1) 一般状態の観察<br>2) 体重測定(被験物質投与量を算定するため毎日)<br>3) 摂餌量(体重測定と同時に測定)<br>4) 摂水量(飲水に混ぜる場合等)<br>5) 血液検査<br>6) 尿検査<br>7) 眼科学的検査<br>8) その他の機能検査<br>9) 剖検(肉眼的観察，器官重量測定)および病理学的検査<br>10) 回復性試験 | 記載なし |
| その他 | 限度試験として，少なくとも1,000mg/kg体重の1用量の試験で毒性徴候を生じず，また，構造類似化合物の資料に基づいて毒性発現が予期されないならば，3用量を用いた本格的な試験は必要ないであろう。 | | 3カ月以上の結果，明らかに慢性毒性を示すと推定されたものについては，12カ月以上の反復投与毒性試験／がん原性試験および生殖発生毒性(催奇形性)試験，経皮吸収試験等の資料を必要とすることがある。 |

されている。経口(ラットまたはウサギ)における区分1への分類を助けるガイダンス値は，20 mg/kg体重／日，区分2のそれは20～200mg/kg体重／日である。

　試験法の共通事項としては，①動物種としてげっ歯類を用いる場合には，ラットが汎用されること，②性としては両性を実施すること，③投与頻度は週7日以上，回復性試験を実施する等の場合には，それらに要する動物数を考慮する必要がある，④限度試験に関する記載があることなどである。

### (2) 本試験法の運用方法に関する留意点

　経口投与試験法として以下の点が注意点である[2,4~6]。

①急性毒性についての初期情報が得られた後で反復投与試験が行われる。90日間試験の前に28日間試験が実施されるべきである。

②動物種としてげっ歯類ではラットが汎用され，非げっ歯類ではイヌが汎用される。医薬品では2

種を用いることが基本である．雌雄の若齢成熟動物を用いる．

③2008年に改訂されたOECD TG407では，被験物質の内分泌活性の検出に適したパラメーターを加えることが追記された．ただし，本試験法によりほとんどの例でエストロゲンまたはアンドロゲン受容体に弱い影響を及ぼす内分泌活性物質は判別されなかったので，内分泌活性のスクリーニング試験法ということはできない．

④90日間反復投与試験では，神経毒性学的・免疫学的影響や生殖器官に対する影響を引き起こす可能性のある被験物質を明らかにでき，より詳細な検討を行う根拠になる．

⑤被験物質は必要に応じて適切な媒体に溶解するか，懸濁させる．可能な限り，まず水溶液／水溶性懸濁液の使用を考慮し，次に油（コーン油など）の溶液／懸濁液を，その後に他の媒体の溶液を考慮する．

⑥強制経口投与の場合には，体重あたりの投与量を正確に把握できる．投与ミスや術者の熟練度により動物に過度のストレスを生じさせる恐れがある．

⑦飼料や飲料への添加の場合には，飼料や飲水中での被験物質の安定性や均等分散性が保証されるべきことはもちろん，個体ごとの投与量はその体重と摂取量または摂水量により算出されることから，厳密な投与量の把握はできない．摂取量または摂水量を頻繁に測定し，被験物質の摂取量を調整したり，血漿中薬物濃度を測定してその推移と実際の曝露量を把握し，臨床試験の場合と比較することが重要である．

⑧被験物質の物理化学的性質や生物学的作用による制限がない限り，最高用量は毒性を生じさせるが死亡や重度の苦痛を引き起こさない用量とする．低用量では，無毒性量が得られるように設定する．

⑨医薬品の投与期間は，臨床試験の実施に必要な期間と製造販売承認に必要な期間とで異なるので注意が必要である．

⑩発現した変化が被験物質に特異的な生物学的変化であるかを見極めるとともに，薬理作用から予期される変化であるか，それ以外の副次的変化であるのか，可逆的な変化であるのか，その重篤度はどうかを十分に考慮する．

⑪使用動物種における背景データや類似物質でみられた所見との比較，発現した所見が器質的変化を伴っているかなどから総合的に判断して，薬理作用と毒性所見を判別することが肝要である．

⑫承認申請に必要な毒性試験はGLPに則り実施されねばならない．

⑬病理所見の評価は，同一病理標本を第三者的立場の病理研究者が再確認するピュアレビューを実施すべきである．

⑭限度試験は，主として被験物質に毒性がない（規制上の限界用量を超える用量でしか毒性を発現しない）可能性が高いことを示す情報がある場合に用いられる．少なくとも，1,000mg/kg体重の1用量の試験で毒性徴候を生じず，すでに試験された構造類似物質や混合物または製品に関する知見に加えて，既知の毒性学的に重要な成分の有無やその割合を考慮することで得られる．毒性に関する情報がほとんどない，またはまったくない場合，また被験物質に毒性があると予測される場合には主試験を行う．

## まとめ

　化粧品原料の特性を考慮して単回経皮投与毒性試験が実施される場合もあろうが，主に化粧品基準におけるポジティブリスト収載品（紫外線吸収剤，防腐剤，タール系色素）や医薬部外品の主剤において反復経皮投与毒性試験は必須である。ただし，経皮投与ができない場合には反復経口投与毒性試験法が必須となる[1]。反復投与毒性試験法は重要な試験であるがゆえに，代替法の開発が最も難しいと考えている。

●参考文献
1) 承認審査の際の添付資料：第3章　医薬部外品の製造販売承認，化粧品・医薬部外品製造販売ガイドブック2008，pp.130-159，薬事日報社，東京（2008）
2) 医薬品非臨床試験ガイドライン研究会，医薬品　非臨床試験ガイドライン解説，pp.11-15，薬事日報社，東京（2010）
3) 務台 衛：臓器毒性・毒性試験，新版　トキシコロジー，日本トキシコロジー学会教育委員会編集，pp.150-153（2009）
4) OECD test guideline 407; OECD GUIDELINE FOR THE TESTING OF CHEMICALS: Repeated Dose 28-Day Oral Toxicity in Rodents（2008）
5) OECD test guideline 408; OECD GUIDELINE FOR THE TESTING OF CHEMICALS: Repeated Dose Oral Toxicity: 90-day Study in Rodents（1998）
6) OECD test guideline 409; OECD GUIDELINE FOR THE TESTING OF CHEMICALS: Repeated Dose Oral Toxicity: 90-day Study in Non-rodents（1998）
7) 環境省：Available at: http://www.env.go.jp/chemi/ghs/（2014）

## 各論 14 経皮投与毒性試験
## ―単回・反復―

### はじめに

本章では，化粧品原料の特性を考慮した臨床適用経路である経皮経路で用いられる単回および反復投与毒性試験について紹介する[2,3]。なお，行政的に認められた *in vitro* 試験法は現状では存在しない。

### 1 単回および反復投与毒性とは？

単回投与毒性試験とは，被験物質を単回投与したときの毒性症状とその用量関係を詳細に検討するものである[4]。他の試験で用いられないような高用量の被験物質を哺乳動物に単回投与し，一般状態の変化を主な指標として被験物質による毒性の推移を質的および量的に解明することを目的とする[3]。一方，反復投与毒性試験とは，被験物質を哺乳動物に繰り返し投与した時に，明らかな毒性変化を惹起する用量とその変化の内容，用量相関性および毒性変化の認められない用量（無毒性量）を求めることを目的とする[3,4]。

### 2 試験法

#### (1) 単回経皮投与毒性試験

経済協力開発機構（OECD）テストガイドライン（TG：Test Guideline）としては，急性経皮毒性試験として1987年に設定されたTG402が定められている[5]。試験法の共通事項としては，適用経路が異なること以外，単回経口投与とほぼ同様である[1]。急性経口毒性と異なり，動物実験の3Rs（Replacement（置換），Reduction（削減），Refinement（苦痛軽減）の意）を考慮して慎重に被験物質を投与して，毒性分類を行うTGはない。

毒劇法では以下の判定基準が決められている（毒物：半数致死量（median lethal dose: $LD_{50}$ が50mg/kg以下，劇物：$LD_{50}$ が50mg/kgを超え300mg/kg以下）[6]。また，化学品の分類および表示に関する世界調和システム（Globally Harmonized System of Classification and Labelling of Chemicals; GHS）基準も決められている[7]。毒劇物分類が3段階であるのに対して，GHSでは5段階である。急性経皮毒性におけるGHS基準は[7]，急性毒性値または急性毒性推定値が区分1：50mg/kg以下，区分2：50mg/kgを超え200mg/kg以下，区分3：200mg/kgを超え1,000mg/kg以下，区分4：1,000mg/kg

を超え2,000mg/kg以下，および非表示である。

### (2) 反復投与毒性試験
#### ①試験法の比較

化学物質 (OECD TG410, 411) および医薬品のガイドラインに関する成書の比較を**表1**にまとめた[8〜10]。

医薬品と化学物質では試験法の目的が異なることから，試験動物種やその数などが異なる。医薬部外品に関する安全性資料は医薬品のガイドラインに準拠するとされているものの，詳細な記載はない[11]。化粧品の指針には試験法の記載はない。特定標的臓器毒性におけるGHS基準においては[7]，「人に重大な毒性を示した物質，または実験動物での試験の証拠に基づいて反復曝露によって人に重大な毒性を示す可能性があると考えられる物質」，「動物実験の証拠に基づき反復曝露によって人の健康に有害である可能性があると考えられる物質」，および非表示の3段階の区分が設定されている。経皮（ラットまたはウサギ）における区分1への分類を助けるガイダンス値は，20mg/kg体重／日，区分

**表1　反復経皮投与毒性試験の比較**

|  | OECDテストガイドライン 410, 411[9,10] | 医薬品 非臨床試験ガイドライン[2] | 医薬部外品の承認申請資料[3] |
|---|---|---|---|
| 試験動物 | 成熟ラット，ウサギ，モルモット | 2種類（1種はげっ歯類，1種はウサギ以外の非げっ歯類） | 記載なし |
| 動物数 | 少なくとも10匹（410）<br>少なくとも20匹（411） | げっ歯類：雌雄各10匹以上<br>非げっ歯類：雌雄各3匹以上 | 記載なし |
| 性 | 雌性5匹，雄性5匹（410）<br>雌性10匹，雄性10匹（411） | 両性 | 記載なし |
| 投与経路 | 経皮，刈・剃毛は24時間前に行い，1週間間隔で実施する。体表面積の少なくとも10%は被験物質適用のために除毛する。 | 臨床適用経路，経皮投与の際の面積については，体表面積の10%程度を目安に決める。 | 実使用時の適用経路に準じ選択することが望ましい（経皮適用が困難な場合は経口でも可）。 |
| 用量段階 | 少なくとも3用量。各群につき1用量 | 少なくとも3用量。各群につき1用量 | 記載なし |
| 投与期間 | 21あるいは28日間（410），90日間（411），少なくとも1日当たり6時間処置する。高用量で処置するサテライト群においては処置後，14日間（410），28日間（411）観察する。 | 臨床試験の最長期間により決まる（げっ歯類：2週間〜6カ月，非げっ歯類：2週間〜9カ月）。 | 3カ月以上 |
| 観察・判定 | 各動物について，毎日1回観察を行う。投与後は，週1回摂餌量，体重を測定する。各動物について個別の記録を残すとともに，すべての観察結果を体系的に記録する。すべての試験動物について試験終了時に臨床性科学的検査を行う。また，剖検を行い，すべての肉眼病理学的変化を動物ごとに記録する。 | 1）一般状態の観察<br>2）体重測定<br>　（被験物質投与量を算定するため毎日）<br>3）摂餌量（体重測定と同時に測定）<br>4）摂水量（飲水に混ぜる場合等）<br>5）血液検査<br>6）尿検査<br>7）眼科学的検査<br>8）その他の機能検査<br>9）剖検（肉眼的観察，器官重量測定）および病理学的検査<br>10）回復性試験 | 記載なし |
| その他 | 限度試験として，少なくとも1,000mg/kg体重の1用量の試験で毒性徴候を生ぜず，また，構造類似化合物の資料に基づいて毒性発現が予期されないならば，3用量を用いた本格的な試験は必要ないであろう。 |  | 3カ月以上の結果，明らかに慢性毒性を示すと推定されたものについては，12カ月以上の反復投与毒性試験／がん原性試験および生殖発生毒性（催奇形性）試験，経皮吸収試験等の資料を必要とすることがある。 |

2のそれは20〜200mg/kg体重／日である。

　試験法の共通事項としては，①動物種としてげっ歯類を用いる場合には，ラットが汎用されること，②性としては両性を実施すること，③投与頻度は週7日，回復性試験を実施する等の場合には，それらに要する動物数を考慮する必要がある，④限度試験に関する記載があることなどである。

## ②本試験法の運用方法に関する留意点

　単回および反復にかかわらず，経皮投与試験法として以下の点が注意点である[5, 8〜10]。

①急性毒性についての初期情報が得られたあとで反復投与試験が行われる。

②動物種としてラット，ウサギあるいはモルモットが汎用される。

③試験のおよそ24時間前に，試験動物の背部の被毛は刈毛あるいは剃毛により取り除く。皮膚を傷つけると透過性が変わるので傷をつけないように注意を払う。

④体表面積の少なくとも10％は被験物質の適用のためにきれいに剃毛する。動物の体重は，剃毛する範囲および被覆する範囲を決める時に考慮する。

⑤固体を試験するときは，妥当ならば粉末とし，その被験物質は皮膚とよく接触させるために水あるいは必要に応じて適切な溶媒を用いて十分に湿らせる。溶媒を使用する時は，被験物質の皮膚透過性に対する溶媒の影響について考慮する。液体の被験物質は一般に希釈しないで使用する。

⑥24時間曝露を通して，多孔性ガーゼで覆い，さらに非刺激性のテープを用いて被験物質と皮膚との接触を保持する。適用部位はガーゼ包帯と被験物質とを保持するために適当な方法でさらに覆い，動物が被験物質を摂取できないようにする。固定器は被験物質の摂取を防ぐために用いられるが，完全な不動固定は勧められる方法ではない。

⑦被験物質の適用で重篤な皮膚刺激性が生じたならば，軽減あるいは消失を生じようともその濃度を下げるべきである。しかし，実験の初期に皮膚がひどい損傷を受けたならば実験を中止し，より低い濃度での新しい試験を始めるのがよい。

⑧皮膚刺激性を事前に検討しておくことが望ましい。局所への刺激を軽くするとともに，局所反応により被験物質の吸収が変動する可能性を考慮して，投与部位を逐次変えることがある。局所刺激性を評価する場合には，同一投与部位への投与を考慮する場合がある。投与液のpHや浸透性にも十分に配慮する。

⑨発現した変化が被験物質に特異的な生物学的変化であるかを見極めるとともに，薬理作用から予期される変化であるか，それ以外の副次的変化であるのか，可逆的な変化であるのか，その重篤度はどうかなどを十分に考慮する。

⑩使用動物種における背景データや類似物質でみられた所見との比較，発現した所見が器質的変化を伴っているかなどから総合的に判断して，薬理作用と毒性所見を判別することが肝要である。

⑪承認申請に必要な毒性試験はGLPに則り実施されなければならない。

⑫病理所見の評価は，同一病理標本を第三者的立場の病理研究者が再確認するピュアレビューを実施すべきである。

⑬限度試験は主として，被験物質に毒性がない（規制上の限界用量を超える用量でしか毒性を発現

しない）可能性が高いことを示す情報がある場合に用いられる。少なくとも，1,000mg/kg体重の1用量の試験で毒性徴候を生じず，すでに試験された構造類似物質や混合物または製品に関する試験に加えて，既知の毒性学的に重要な成分の有無やその割合を考慮することで得られる。毒性に関する情報がほとんど，またはまったくない場合，また被験物質に毒性があると予測される場合には主試験を行う[10]。

## まとめ

　化粧品原料の特性を考慮して単回経皮投与試験が実施される場合もあろうが，主に化粧品基準におけるポジティブリスト収載品（紫外線吸収剤，防腐剤，タール系色素）や医薬部外品の主剤において反復経皮投与試験が求められることになる。

　一方で，皮膚適用した成分の体内での効果や毒性は血中濃度で推定できる。さらに，皮膚適用した化学物質の血中濃度は一般に皮膚透過速度を全身クリアランスで除したもので表わされることが既知となっているので，結論的には皮膚透過速度から成分の体内での効果や毒性を予測することも可能となっている。げっ歯類の場合，採血可能量の関係から，上記検討をサテライト動物で検討することが一般的であり，他の試験によって皮膚への毒性が弱いことが明確であれば，反復経皮投与毒性を省略することは可能かもしれない。

●参考文献
1) 小島肇夫：技術講座　安全性試験(15)，単回投与毒性―経口―，COSME TECH JAPAN, **3**(1), 68-72(2013)
2) 医薬品非臨床試験ガイドライン研究会：医薬品　非臨床試験ガイドライン解説，pp.11-15，薬事日報社，東京，(2010)
3) 承認審査の際の添付資料：第3章　医薬部外品の製造販売承認，化粧品・医薬部外品製造販売ガイドブック2008, pp.130-159，薬事日報社，東京(2008)
4) 務台 衛：臓器毒性・毒性試験，新版　トキシコロジー，日本トキシコロジー学会教育委員会編集，pp.150-153(2009)
5) OECD test guideline 402; OECD GUIDELINE FOR THE TESTING OF CHEMICALS: Acute Dermal Toxicity (1987)
6) 毒劇物指定　http://www.nihs.go.jp/law/dokugeki/kijun.pdf
7) 環境省　Available at: http://www.env.go.jp/chemi/ghs/ (2012)
8) 最新OECD毒性試験ガイドライン，化学工業日報社，東京(2010)
9) OECD test guideline 410; OECD GUIDELINE FOR THE TESTING OF CHEMICALS: Repeated Dose Dermal Toxicity: 21/28-day Study (1981)
10) OECD test guideline 411; OECD GUIDELINE FOR THE TESTING OF CHEMICALS: Repeated Dose Dermal Toxicity: 90-day Study (1981)
11) 日本化粧品工業連合会編：化粧品の安全性評価に関する指針(2008年)，化粧品の安全性評価に関する指針，pp.1-37，薬事日報社，東京(2008)

# 各論 15 遺伝毒性試験 ―組み合わせ―

## はじめに

　医薬部外品および化粧品の安全性試験法の中で，発がん性，生殖発生毒性までも考慮した遺伝毒性のもつ意義は重い．遺伝毒性の閾値が明確になっていない昨今，本分野は閾値がないと扱わねばならず，その有害性の結果が重視される試験法である．ただし，発がん性は遺伝毒性（イニシエーション）にのみ起こるものではなく，プロモーター，エピジェネテック（DNA のメチル化など）などの他の評価法との結果と合わせ予測する時代になってきていることも確かである．

## 1 遺伝毒性と変異原性

　遺伝毒性と変異原性が混同されて使われる場合もあることから，まず，言葉の定義を明確にしておく[1,2]．

**遺伝毒性**：遺伝物質に対する毒性の総称．遺伝子突然変異誘発性，染色体異常誘発性，DNA 損傷，さらには DNA 付加体等の DNA 修飾まで，遺伝物質に対するすべての影響を包括する広い意味に用いられている．この試験は，直接あるいは間接的に遺伝的な障害を引き起こす物質を検出するために考案された試験で，種々の機構により引き起こされる変化を *in vitro* および *in vivo* で検出することができるように工夫された試験と定義することができる．

**変異原性**：化学物質や物理因子の突然変異を誘発する性質をいう．

　従来の呼称であった「変異原性試験」は「遺伝毒性試験」に改められた[3]．

## 2 遺伝毒性試験の考え方[1,3,4]

　遺伝毒性試験は，DNA の損傷とその傷が固定されることによる障害を検出することができる方法である．DNA に生じた傷が固定されることによりもたらされる遺伝子突然変異，染色体の広範囲な損傷，組換えおよび数的変化は，遺伝的障害の発現に不可欠なものであると同時に，がん化の過程においても発現機構の一部を担っている可能性がある．

　遺伝毒性試験で陽性となった物質は，ヒトに対する発がん物質の可能性がある．さらに，特定の化合物がヒトで発がん性を示すことが証明されていることから，遺伝毒性試験は主に発がん性を予測す

る方法として用いられてきた。また，それらの試験結果は発がん性試験結果の解釈にも重要な役割を果たしてきた。一方，遺伝毒性試験で陽性となった物質は遺伝的傷害物質である可能性もある。すなわち遺伝性疾患を引き起こす可能性がある。遺伝毒性試験結果とヒトでの遺伝性疾患との関係について証明するのは困難ではあるが，生殖細胞系における突然変異はヒトの疾患と明瞭に関係していることから，ある物質に遺伝毒性が疑われた場合は，がん原性が疑われたのと同様に，重大であると考えられる。

## 3 遺伝毒性試験の標準的組み合わせ

　医薬品や医薬部外品では標準的な組み合わせとして，表1に示す方法が提唱されてきた[3,5]。化学物質の審査および製造等の規制に関する法律でも同様である[6]。化粧品の安全性評価では in vitro 試験で遺伝毒性が疑われた場合には，動物を用いる試験を追加する必要があると記載され，表1の3試験法が記載されている[7]。OECD テストガイドラインでは[8,9]，試験法の列記に留められている。

　申請のためには遺伝毒性の総合的な評価が要求される。ただ1つの試験だけですべての種類の遺伝毒性物質を検出できないことは明らかである。そのため，in vitro および in vivo の遺伝毒性試験を組み合わせて実施するのが通常の方法である。これは異なるレベルの階層的な組み合わせではなく，相補的な試験の組み合わせである。

　広範なレビューにより，細菌を用いる復帰突然変異（エイムス）試験で陽性の化学物質の多くが，げっ歯類での発がん物質であることが示されている。哺乳類培養細胞を用いる in vitro 試験を加えることによって，げっ歯類に対する発がん物質の検出感度が増し，検出される遺伝的傷害の範囲が広がるが，これにより逆に予測の特異性が減少する。すなわち，げっ歯類での発がん性と関連しない陽性結果が増加する。しかしながら，1つの試験でがん原性に関連するすべての遺伝毒性機序を検出できないことから，組み合わせによる試験の実施は妥当なものと考えられる。これまでに認められてきた試験の標準的組み合わせは表1のとおりである。in vivo で遺伝毒性を示し，in vitro で遺伝毒性陰性の化合物が存在すること，および遺伝毒性の評価に，吸収，分布，代謝および排泄などの要素を加味した試験法を加えることが望ましいことから，in vivo 遺伝毒性試験が標準的組み合わせに加えられている。この理由により，末梢血もしくは骨髄中の赤血球の小核または骨髄における分裂中期細胞の染色体異常のいずれかが評価の対象として選択される。

　これら3試験の組み合わせにおいてすべて陰性の結果を示す化合物は，遺伝毒性活性を持たないという点で十分信頼できるレベルにあると考えられる。標準的試験組み合わせで陽性の化合物は，その臨床での使用形態にもよるが，より広範な検討が必要であろう。

　ただし，昨今，日米EU医薬品規制調和国際会議（ICH）ガイダンス S2 では，表2に示すように，標準的組み合わせの2つのオプションが定められた[4]。これらは同等に適切と判断されている。

　オプション1は，過去に定められた ICH ガイダンス S2A および B に準拠していることもあり，主に歴史的な経験で構成されている。しかしながら，オプション1と2が同等に受け入れられると考え

る理由は次のとおりである。in vitro での哺乳類培養細胞試験が陽性でも適切な組織で十分な曝露量が得られている適正に実施された2種の in vivo 試験で明らかな陰性の場合は，in vivo では遺伝毒性を示さないことの十分な証拠と考えられる。したがって，はじめから2種の in vivo 試験を実施するオプション2は，in vitro 試験の陽性結果の追加検討と同等である。標準的組み合わせの両オプションは，in vivo の短期または反復投与どちらの試験方法にも組み入れて使うことができる。反復投与する場合，科学的に正しければ一般毒性試験に遺伝毒性の指標を組み込むことを考慮すべきである。1つの in vivo 試験を独立して短期投与で行う場合には2つ以上の指標を組み込むことが望まれる。多くの場合，試験開始前に反復投与毒性試験の投与量が適切かどうかの十分な情報が得られていると考えられるので，短期投与が適切か，あるいは反復投与に組み入れるのがよいかの判断に使える。

このガイダンスに従い実施され，評価されたいずれかのオプションの標準的試験の組み合わせにおいて陰性の結果を示す化合物は，通常，遺伝毒性活性を持たないと考えられ，追加試験は必要ない。標準的組み合わせ試験で陽性の化合物は，その臨床での使用形態にもよるが，より広範な検討をする必要があるものと考えられる。

オプション2において in vivo 評価の第2の試験として使用できるものを以降で紹介していくが，いくつかの試験があり，これらは反復投与毒性試験に組み入れることができる。肝臓は曝露および代謝能の観点から特に最適な組織であると考えられるが，第2の組織および試験法は想定可能な機序，代謝または曝露情報などの要因を考慮して選択すべきである。染色体の数的異常に関する情報は in vitro での哺乳類細胞試験および in vitro または in vivo の小核試験より得ることができる。異数性誘発能を示す指標としては，分裂指数の増加，倍数性および小核の誘発がある。マウスリンフォーマTK試験でも紡錘体阻害剤の検出は可能であるとされている。オプション2において推奨される in vivo の細胞遺伝学的試験は，染色体の損失（異数体の可能性）を直接検出することができる小核試験が推奨されるが，染色体異常試験は推奨されない。

表1 遺伝毒性試験の標準的組み合わせ[3, 5]

| No | 試験名 |
|---|---|
| 1 | 細菌を用いる復帰突然変異試験 |
| 2 | 哺乳類細胞を用いて染色体損傷を細胞遺伝学的に評価する in vitro 試験，あるいは in vitro マウスリンフォーマTK試験 |
| 3 | げっ歯類造血細胞を用いる染色体損傷検出のための in vivo 試験 |

表2 ICH S2に示された試験法の組み合わせ[4]

オプション1

| No | 試験名 |
|---|---|
| 1 | 細菌を用いる復帰突然変異試験 |
| 2 | 染色体傷害を検出するための細胞遺伝学的試験（in vitro 分裂中期での染色体異常試験または in vitro 小核試験）またはマウスリンフォーマTK試験 |
| 3 | in vivo 遺伝毒性試験。一般には，げっ歯類造血細胞での染色体傷害，すなわち小核または分裂中期細胞の染色体異常を検出する試験 |

オプション2

| No | 試験名 |
|---|---|
| 1 | 細菌を用いる復帰突然変異試験 |
| 2 | 2種類の異なる組織における in vivo 遺伝毒性試験。一般的には，げっ歯類造血細胞を用いる小核試験および2つ目の in vivo 試験。他に適切な方法がない限り，一般的には肝臓のDNA鎖切断を検出する試験が勧められる |

## 4 標準的組み合わせ以外の試験について

試験の標準的組み合わせ以外の他の遺伝毒性試験が不十分または不適当であることを意味しているわけではない[4]。追加実施した試験結果は，標準的組み合わせで得られた試験結果をより詳細に解析するために使用できる。必要性が示され，かつ十分に評価されている試験であれば，非げっ歯類を含む代替の試験系も利用可能である。標準的組み合わせを構成する試験において，技術的な理由で試験が実施できない場合には，有用性が確認された代替試験を十分な科学的正当性を持つものとして利用できる。

いくつかの追加の *in vivo* 試験は組み合わせ試験にも用いることができる。また，*in vitro* および *in vivo* 試験結果を評価する際の証拠の重み付け (weight of evidence；WoE) を得るための追加試験としても有用である。評価対象となる試験が十分理にかない，適正な方法により実施され，かつ，標的組織での曝露が証明されていれば，その *in vivo* 試験 (通常2試験) の陰性結果は，懸念すべき遺伝毒性リスクがないことを示す十分な証明となる。

組み合わせの変更については，以下の問題が考えられるが，その詳細は成書を参照されたい[3]。
1) 探索的臨床試験
2) 細菌に毒性を示す化合物
3) 構造的に遺伝毒性が予想される化合物
4) *in vivo* 試験系の利用の限界

## 5 その他の試験法

これまでに触れてこなかった遺伝毒性試験の中でOECDにてテストガイドライン (TG) として承認されているものを表1に示す[10]。TG No.476を除いて *in vivo* 試験である。2014年，多くの *in vitro* 試験やTG No.475が改訂されたが[11]，TG No.476も2015年には改訂される予定である。これらの中でも，トランスジェニック動物を用いるTG No.488やコメットアッセイ (TG No.489)[11] はICHでいう第2番目の *in vivo* 試験として注目されている試験法である。化粧品分野においても，*in vitro* 試験で陽性結果が得られた場合，小核試験に留まらず，表1に示す試験法を複数使用して遺伝毒性の可能性を探求することが必要である。

なお，これ以外にも使用頻度が低く，TGから外れた遺伝毒性試験法はOECDでも整理され，アーカイブとして保管されている[12]。

表1　その他の遺伝毒性試験

| 成立日 | Test No. | 名称 |
| --- | --- | --- |
| 1997<br>2014改訂 | 475 | 哺乳類骨髄細胞を用いる染色体異常試験 |
| 1997 | 476 | *in vitro* 哺乳類細胞遺伝毒性試験 |
| 1984 | 478 | げっ歯類を用いる優性致死試験 |
| 1986 | 485 | マウスを用いる遺伝性転座試験 |
| 1997 | 486 | *in vivo* 哺乳類肝細胞を用いる不定期DNA合成（UDS）試験 |
| 2013 | 488 | トランスジェニックげっ歯類を用いる体細胞および生殖細胞遺伝子変異試験 |
| 2014 | ??? | *in vivo* コメットアッセイ |

## まとめ

組み合わせに用いられる遺伝毒性試験の標準的な試験法を紹介した。

### ●参考文献

1) 能美健彦：遺伝毒性，臓器毒性・毒性試験：新版　トキシコロジー，日本トキシコロジー学会教育委員会編集，pp.155-168（2009）
2) 日本トキシコロジー学会編：トキシコロジー用語辞典，じほう，東京（2003）
3) 厚生省医薬安全局審査管理課長：医薬品の遺伝毒性試験に関するガイドラインについて，医薬審第1604号（平成11年11月1日）
4) Guidance for Industry S2(R1) Genotoxicity Testing and Data Interpretation for Pharmaceuticals Intended for Human Use（2011）Available at: http://www.fda.gov/downloads/Drugs/GuidanceComplianceRegulatoryInformation/Guidances/ucm074931.pdf
5) 承認審査の際の添付資料：第3章　医薬部外品の製造販売承認，化粧品・医薬部外品製造販売ガイドブック2008，pp.130-159，薬事日報社，東京（2008）
6) 厚生労働省医薬食品局・経済産業省製造産業局・環境省総合環境政策局：新規化学物質等に係る試験の方法について，薬食発第1121002号（平成15年11月21日）
7) 日本化粧品工業連合会編：化粧品の安全性評価に関する指針（2008年），化粧品の安全性評価に関する指針，pp.1-37，薬事日報社，東京（2008）
8) OECD test guideline (2012) Available at: http://www.oecd.org/document/40/0,3746,en_2649_34377_37051368_1_1_1_1,00.html
9) 最新OECD毒性試験ガイドライン，化学工業日報社，東京（2010）
10) OECD test guideline (2014) Available at:
http://www.oecd.org/document/40/0,3746,en_2649_34377_37051368_1_1_1_1,00.html
11) OECD draft test guideline (2014) Available at:
http://www.oecd.org/document/55/0,3343,en_2649_34377_2349687_1_1_1_1,00.html
12) OECD Replaced and Cancelled Test Guideline (2014) Available at:
http://www.oecd.org/env/ehs/testing/section4-replacedandcancelledtestguidelines.htm

# 各論 16 遺伝毒性試験
## —エイムス試験—

### はじめに

遺伝毒性試験として最も有名で，広く利用されている試験法が細菌を用いる復帰突然変異試験である[1]。Bruce Ames博士によって開発されたことから，エイムス試験と名付けられている[2]。遺伝子操作により必須アミノ酸のヒスチジンあるいはトリプトファンがないと生育できないように変異させた（ヒスチジン要求性，トリプトファン要求性）サルモネラ菌や大腸菌を用い，これらの菌に遺伝毒性を有する物質を処理すると菌が分裂する過程で元のヒスチジンやトリプトファン非要求性株に戻ること（復帰突然変異）を利用した試験法となっている。遺伝毒性試験の最初のスクリーニングとして普及している。

## 1 試験法

### (1) 試験法の概要[3〜9]

各ガイドラインの比較を**表1**に示す。

#### ①菌株

塩基対置換およびフレームシフト突然変異の検出に経済協力開発機構（OECD：Organisation for Economic Co-operation and Development）や各規制が推奨する試験菌株のセットは以下のとおりである。化粧品の安全性評価の中では，選択できる菌株数の記載が少ない。

(1) ネズミチフス菌（*Salmonella typhimurium*）TA98
(2) ネズミチフス菌 TA100
(3) ネズミチフス菌 TA1535
(4) ネズミチフス菌 TA1537，TA97 または TA97a
(5) ネズミチフス菌 TA102，大腸菌（*Escherichia coli*）WP2*uvrA* または大腸菌 WP2*uvrA*/pKM101

菌株はいずれも適切な研究機関から，品質が保証されたものを入手する。また，試験菌株の特性（アミノ酸要求性，薬剤耐性因子の有無，紫外線に対する感受性，膜変異など）を確認し，特性が適切なものを保存して，試験に使用する。

②被験物質

・準備

　被験物質は直接添加するか，適切な溶媒で溶解性を事前に調べ，必要に応じて希釈し，溶解または懸濁状態で適用する．被験物質の安定性データがない限り，用時調製する．

　被験物質が水溶性の場合は，滅菌蒸留水あるいは生理食塩液などに溶解し，水に不溶の場合はジメチルスルホキシド（DMSO）などに溶解する．いずれにも溶解しない場合には懸濁液を用いるか，試験菌およびS9-Mixの活性に影響を及ぼさない適切な溶媒を用いる．

・最高用量および用量段階

　溶解性あるいは菌の生育阻害による制限がない場合，最高用量は5,000 μg/plateである．適切な用量間隔（原則として公比$\sqrt{10}$以下）で5段階以上の用量を用いる．

・溶解性の限界

　菌の生育阻害がなく，また，最高用量が5,000 μg/plate以下であるという条件下では，析出物が変異コロニーの検出を妨げない限り析出する用量においても測定する．ある被験物質では，溶解しない用量範囲において用量相関的に遺伝毒性が検出されることがある．

　また，大量の析出がコロニー数の計測を妨げたり，化合物の細胞内への取り込み，DNAとの相互作用を困難にさせたりすることがある．この場合，菌の生育阻害が観察されなければ，析出する最低用量を最高用量とする．もし，用量相関的に菌の生育阻害あるいは復帰変異コロニーの増加が認められた場合には，溶解性に関係なく最高用量は以下の基準に基づく．

　試験菌株の生育阻害は復帰変異コロニー数の減少や背景の菌の生育（background lawn）の減少や透明化によって判断する．背景の菌の生育の観察は実体顕微鏡を用いて実施する．被験物質の析出の有無については，処理の開始と終了時（または変異コロニー計測時）に肉眼で観察する．

③代謝活性化

　適切な代謝活性化系存在下および非存在下の状態で被験物質を細菌に曝露させる．最も一般的に用いられる系は，Aroclor1254などの酵素誘導剤で処理したものか，フェノバルビタールと$\beta$-ナフトフラボンを併用し，ラットの肝臓から得たミクロソーム画分（S9）に補酵素を添加したS9-Mixである．通常，S9-Mix中，5～30%の濃度でS9が添加される（通常10%）．化学構造によっては，S9濃度やS9調製用の動物種を選択し実施する．

④対照

　陰性対照として溶媒処理群を，陽性対照として適切な既知の遺伝毒性原物質による処理群を設ける．詳細は省略した．

⑤判定

　すべてのプレートを原則として37℃で48～72時間培養した後に，プレートごとに復帰変異コロニー数を計測し，記録する．表1に示すように，多くの規制ではいずれかの試験系でプレートあたりの復

表1 エイムス試験における各ガイドライン等の比較

| | 医薬品 非臨床試験ガイドライン[4]<br>および医薬部外品の承認申請資料[5] | 化粧品の安全性評価試験法[7] | OECD テストガイドライン<br>No.471[8,9] |
|---|---|---|---|
| 菌株 | ネズミチフス菌<br>(*Salmonella typhimurium*) TA98<br>(2) ネズミチフス菌 TA100<br>(3) ネズミチフス菌 TA1535<br>(4) ネズミチフス菌 TA1537, TA97<br>またはTA97a<br>(5) ネズミチフス菌 TA102, 大腸菌<br>(*Escherichia coli*) WP2*uvrA*<br>または大腸菌 | ネズミチフス菌<br>(*Salmonella typhimurium*) TA98,<br>TA100, A1535, TA1537, 大腸菌<br>(*Escherichia coli*) WP2*uvrA* など | ネズミチフス菌<br>(*Salmonella typhimurium*) TA98<br>(2) ネズミチフス菌 TA100<br>(3) ネズミチフス菌 TA1535<br>(4) ネズミチフス菌 TA1537, TA97<br>またはTA97a<br>(5) ネズミチフス菌 TA102, 大腸菌<br>(*Escherichia coli*) WP2*uvrA*<br>または大腸菌 |
| 用量 | 5段階以上 | 同左 | 同左 |
| 対照 | 陰性対照：溶媒<br>陽性対照：既知変異原性物質<br>(S9-Mixを必要としない物質と必要と<br>する物質) | 同左 | 同左 |
| 代謝活性化 | S9-Mixを加えた試験を並行実施 | 同左 | 同左 |
| 試験法 | プレインキュベーション法<br>またはプレート法 | 同左 | 同左 |
| 判定 | 復帰変異コロニー数が陰性対照に比較<br>して明らかに増加し，かつ，その増加に<br>用量依存性あるいは再現性が認められ<br>た場合に陽性と判定する。 | 復帰変異コロニー数の実測値とその平<br>均値から判定・評価（被験物質濃度の<br>増加とともに復帰コロニー数が増加を示<br>し，陰性対照試験のコロニー数のほぼ<br>2倍以上になる場合は陽性と判定され<br>る。 | プレートあたりの復帰コロニー数が検査<br>された範囲で濃度依存的に増加した場<br>合，および／または，代謝活性化の有<br>無とは無関係に，少なくとも1つの株に<br>おいて1つ以上の濃度で再現性をもって<br>増加した場合に陽性と判定する。 |

帰変異コロニー数（通常，2枚以上のプレートの平均値）が陰性対照の2倍以上に増加し，かつ，用量依存性が認められた場合に陽性と判定する2倍法などが統計学的手法と併用されている。結果の判定に際しては，必要に応じ背景データを考慮するとともに，統計学的手法を用いる場合においても，最終的な判定は試験条件下での生物学的妥当性を考慮して行うことが望ましい。

⑥再現性

原則として，試験結果には再現性がなければならない。ただし，全菌株を用いて，代謝活性化系の存在下および非存在下で，陰性対照および陽性対照も含めた用量設定試験が各用量2枚以上のプレートを用いて行われている場合には，本試験と合わせて再現性の確認に用いることができる。

(2) 本試験法の運用方法に関する留意点

①医薬品の試験の経験に基づき，エイムス試験は，結果が明らかに陰性または陽性で，代謝活性系の存在下および非存在下ですべての試験菌株を含み，最高用量の選択基準を満たす用量範囲ならびに適切な陽性および陰性対照を設置して実施した場合には，一試験で十分であるという点が，OECDテストガイドラインおよび遺伝毒性試験に関する国際ワークショップ（IWGT）での取り決めとの相違である。ただし，判定不能あるいは弱い陽性結果が得られた場合には，用量レベルの間隔を変更するなどプロトコルを最適化した再試験を実施する必要がある。

②プレート法あるいはプレインキュベーション法で検出感度に差のある場合がある。しかし，量的な

違いのみで，結果が逆転することはない[10]。IWGT の報告書ではプレインキュベーション法でより容易に検出できるとされる化学物質は医薬品ではなく，肝臓を用いる in vivo 遺伝毒性試験で陽性を示すものであった。これらには短鎖の脂肪族ニトロソアミン；二価金属；アルデヒド（例えばホルムアルデヒド，クロトンアルデヒド）；アゾ色素（例えばバターイエロー）；ピロリジジンアルカロイド；アリル化合物（イソチオシアン酸アリル，塩化アリル），およびニトロ（例えば芳香族，脂肪族）化合物が相当する[10]。

③エイムス試験で適切あるいは十分な情報が得られない場合がある。これらには細菌に対し強い毒性を示す化合物（例えば，ある種の抗生物質）や，哺乳類細胞複製系への阻害作用が知られている化合物（例えば，トポイソメラーゼ阻害剤，核酸アナログ，あるいは DNA 代謝阻害剤）が該当する。このような場合には，通常2つの異なった哺乳類細胞を用い，2つの異なった指標（遺伝子突然変異と染色体損傷）を検出する in vitro 試験の実施が必要である。

④監視化学物質への該当性の判定等に係る試験方法および判定基準や労働安全衛生法の新規化学物質製造・輸入届の審査関係では，以下のような判断もされている。
・比活性値がおおむね1,000rev/mg 以上である場合には，原則として強い陽性と判断する。
・陽性の場合にあって，再現性や用量依存性に乏しい場合等には，原則として軽微な陽性と判断する。

## まとめ

いまさらながら，普及度の高いエイムス試験について説明することは気が引けなくもなかったが，前章でエイムス試験は動物実験代替法として配慮すべき点が詰まっていると記載したので，詳細な，というよりはその理由を中心にまとめた。その理由とは，①試験法が作用機構に基づいて開発されていること，②簡便かつ安価なスクリーニング法であること，③動物実験の3Rs が反映されていること，④再現性が高いこと，⑤発がん性との予測性は必ずしも高いわけではないが，ある程度の予測性を有している，⑥長年の研究から適用限界が明確なことである。

さらに，この試験法に取り組む従事者は，菌（実験材料）の管理法の重要性を認識でき，被験物質の溶解性や材料の毒性に関する情報から in vitro 試験に共通する確認事項を習熟できるとともに，的確かつ時間内に手順をこなさねばならないことから試験法の段取りが身につくからである。動物実験代替法に従事する者は，まずエイムス試験を登竜門にすべきであると個人的には思っている。

この試験法が開発された当時は，試験法のバリデーションという概念がなく，Bruce Ames 博士が試験法を開発以降，研究・開発や精度管理などを経て，多くの改良・改善がなされた。現在の動物実験代替法のバリデーションではこれらを短期間ですべて確認しなければならないが，これこそが動物を用いない動物実験代替法の求められる形である。

●参考文献
1) 能美健彦：遺伝毒性，臓器毒性・毒性試験：新版　トキシコロジー，日本トキシコロジー学会教育委員会編集，pp.155-168 (2009)
2) Ames, B.N., McCann, J. and Yamasaki, E.；Methods for Detecting Carcinogens and Mutagens with the Salmonella/Mammalian-Microsome Mutagenicity Test. *Mutation Res.*, **31**, 347-364 (1975)
3) Guidance for Industry S2 (R1) Genotoxicity Testing and Data Interpretation for Pharmaceuticals Intended for Human Use (2011)
Available at：http://www.fda.gov/downloads/Drugs/GuidanceComplianceRegulatoryInformation/Guidances/ucm074931.pdf
4) 厚生省医薬安全局審査管理課長：医薬品の遺伝毒性試験に関するガイドラインについて，医薬審第1604号（平成11年11月1日）
5) 承認審査の際の添付資料：第３章　医薬部外品の製造販売承認，化粧品・医薬部外品製造販売ガイドブック2008，pp.130-159，薬事日報社，東京 (2008)
6) 厚生労働省医薬食品局・経済産業省製造産業局・環境省総合環境政策局：新規化学物質等に係る試験の方法について，薬食発第1121002号（平成15年11月21日）
7) 日本化粧品工業連合会編：化粧品の安全性評価に関する指針，化粧品の安全性評価に関する指針（2008年），pp.1-37，薬事日報社，東京 (2008)
8) OECD test guideline (2012)
Available at：http://www.oecd.org/document/40/0,3746,en_2649_34377_37051368_1_1_1_1,00.html
9) 最新OECD毒性試験ガイドライン，化学工業日報社，東京 (2010)
10) Gatehouse, D., S. Haworth, T. Cebula, E. Gocke, L. Kier, T. Matsushima, C. Melcion, T. Nohmi, T. Ohta, S. Venitt, E. Zeiger："Report from the working group on bacterial mutation assays：International Workshop on Standardisation of Genotoxicity Test Procedures," *Mutation Research*, **312**, 217-233 (1994)
11) 厚生労働省医薬食品局審査管理課化学物質安全対策室，経済産業省製造産業局化学物質管理課化学物質安全室，環境省総合環境政策局環境保健部企画課化学物質審査室：監視化学物質への該当性の判定等に係る試験方法及び判定基準（平成23年4月22日）
12) 厚生労働省：労働安全衛生法の新規化学物質製造・輸入届の審査，Available at：http://www.mhlw.go.jp/bunya/roudoukijun/anzeneisei06/

## 各論 17 遺伝毒性試験
―哺乳類の培養細胞を用いる試験―

## はじめに

エイムス試験と並び，遺伝毒性試験のスクリーニングとして普及している哺乳類の培養細胞を用いる試験について言及する。これらの試験には in vitro 染色体異常試験，in vitro 遺伝子突然変異試験および in vitro 小核試験が該当する。以前は in vitro 染色体異常試験が汎用されていたが，昨今ではこれらの試験が並行して使われている。

## 1 試験法

### (1) 試験法の紹介[1]

各 in vitro 試験法の相違点を経済協力開発機構（OECD）テストガイドライン（TG：Test Guideline）から引用し，表1にまとめた[2,3]。

#### ①染色体異常試験

哺乳類培養細胞を用いて染色体の損傷を細胞遺伝学的に評価する試験である。細胞を被験物質で処理した後，最初のM期で細胞周期を停止し，光学顕微鏡により染色体の構造異常および数（倍数体）的異常を検索する試験法である。構造異常は通常DNA鎖切断に起因すると考えられる。一方，数的異常は主として分裂装置への作用の結果生じる染色体の不分離や分裂の停止に起因する。

#### ②遺伝子突然変異試験

エイムス試験とは逆に突然変異による（ヒポキサンチンフォスフォリボシルトランスフェラーゼ（$hprt$）遺伝子，チミジンキナーゼ：TK遺伝子等）機能が欠損し，その結果，トリフルオロチミジンに対して細胞が耐性となることを利用して被験物質の遺伝毒性を検出する方法である。代表的な試験として，哺乳類培養細胞マウスリンフォーマ L5178tk+/－ －3.7.2c細胞を用いるチミジンキナーゼ（tk）遺伝子をターゲットとした遺伝子突然変異試験として，マウスリンフォーマTK試験（MLA）がある[4]。

表1 OECD関連ガイドラインにおける哺乳類の培養細胞を用いる試験の主な相違点[2]

|  | OECD TG437 | OECD TG476 | OECD TG487 |
|---|---|---|---|
| 試験名 | in vitro 染色体異常試験 | in vitro 遺伝子突然変異試験 | in vitro 小核試験 |
| 細胞 | ヒト細胞を含む初代または継代培養細胞株 | L5178Y マウスリンフォーマ細胞，チャイニーズハムスターCHO，AS52 and V79細胞株およびヒトリンパ芽球細胞株TK6 | 初代ヒト末梢リンパ球，L5178Y細胞，チャイニーズハムスターCHO，CHL/IU および V79細胞株 |
| 陽性対照（代謝活性化なし） | Methyl methanesulphonate, Ethyl methanesulphonate, Ethylnitrosourea, Mitomycin C, 4-Nitroquinoline-N-Oxide | Methyl methanesulphonate, Ethyl methanesulphonate, Ethylnitrosourea | 記載なし |
| 陽性対照（代謝活性化あり） | Benzo (a) pyrene, Cyclophosphamide (monohydrate) | 3-Methylcholanthrene, N-Nitrosodimethylamine, 7,12-Dimethylbenzanthracene, Benzo (a) pyrene, Cyclophosphamide (monohydrate) | 記載なし |
| 評価指標 | 200細胞／濃度の観察による染色体異常を持つ細胞の出現頻度および倍数体の出現頻度から判定・評価 | 復帰変異コロニー数の実測値とその平均値から判定・評価（被験物質濃度の増加とともに復帰コロニー数が増加を示し，陰性対照試験のコロニー数のほぼ2倍以上になる場合は陽性と判定） | 2,000細胞／濃度の観察による小核出現頻度から判定・評価 |

表2 哺乳類の培養細胞を用いる染色体異常試験の各指針における相違点

|  | 医薬品非臨床試験ガイドライン[4] 医薬部外品の承認申請資料[5] TG473[2] | 化粧品の安全性評価試験法[6] |
|---|---|---|
| 細胞 | チャイニーズハムスター細胞株（例えばCHL/IU，CHO），ヒト末梢血リンパ球，もしくはその他の初代，継代または株細胞 | 哺乳類の初代または継代培養細胞 |
| 用量 | 3段階以上 | 3段階以上 |
| 対照 | 陰性対照として溶媒処理群を，陽性対照として適切な既知の染色体異常誘発物質による処理群を設ける | 陰性対照：溶媒<br>陽性対照：既知染色体異常誘発物質（S9-Mixを必要としない物質と必要とする物質） |
| 代謝活性化 | S9-Mixを加えた試験を並行実施 | S9-Mixを加えた試験を並行実施 |
| 試験法 | スライド標本はコード化し，処理条件がわからない状況で観察する．染色体構造異常については，各用量当たり200個以上のよく広がった分裂中期細胞（染色体数がモード数±2）を観察し，染色体構造異常をもつ細胞数を記録する．2枚のプレートを用いた場合には，原則としてプレート当たり100個以上の分裂中期細胞を観察する． | ①被験物質処理後，適切な時期に染色体標本を作製<br>②用量当たり2枚以上のプレートを作製，プレート当たり100個の分裂中期像について，染色体の形態異常および倍数性細胞について検索する． |
| 判定 | 構造異常の種類別に細胞数あるいは出現数を記録する．染色体の数的異常については，倍数体等の出現数を記録する．染色体異常をもつ細胞の出現頻度が陰性対照に比較して明らかに上昇し，かつ，その作用に用量依存性または再現性が認められた場合に陽性と判定する． | 染色体異常を持つ細胞の出現頻度および倍数体の出現頻度から判定・評価（染色体構造異常を持つ細胞，または倍数体の出現頻度が溶媒対照と比較して上昇し，かつ，その作用に用量依存性または再現性が認められた場合には陽性と判定される．） |

③小核試験

被験物質処理後，細胞分裂あるいは核分裂を終了させ，細胞を染色してから光学顕微鏡で小核を検出し，被験物質の染色体異常誘発性を検索する試験法である．小核とは，染色体の構造異常に由来する動原体を持たない染色分体や，分裂装置に異常が起きたため娘核に取り込まれなかった染色分体が細胞質中に形成した小さな核をいう．

## (2) 試験法の概要

医薬品等のガイドラインの主な相違点を表2に示す[4〜6]。医薬品等のガイドラインには，小核試験についての具体的な記載はないので，染色体異常試験とMLAについて以下に概要をまとめた。

### 1) 細胞株
- 染色体異常試験

  チャイニーズハムスター細胞株（例えばCHL/IU，CHO），ヒト末梢血リンパ球，もしくはその他の初代，継代または株細胞が用いられる。

- MLA

  マウスリンパ腫細胞L5178Y $tk+/-$ －3.7.2c株が用いられる。

### 2) 被験物質

#### ①準備

被験物質を適切な溶媒に溶解または適切な媒体に懸濁させる。被験物質が液体の場合は直接試験系に加えてもよい。被験物質が水溶性の場合は生理食塩液などを用いて溶解させ，水に不溶の場合はジメチルスルホキシド（DMSO）などを用いて溶解させる。必要に応じてカルボキシメチルセルロース（CMC）ナトリウムなどを用いて均一な懸濁液を調製する。

#### ②用量段階と細胞毒性

- 染色体異常試験

  適切な間隔（原則として公比$\sqrt{10}$以下）で3段階以上の染色体分析ができる用量を用いる。最高用量は，あらかじめ5mg/mLまたは10mM（いずれか低いほう）を最高用量とした細胞増殖抑制試験を行って設定することが望ましい。被験物質の培養液中での溶解性にかかわらず，細胞増殖が明らかに50%以上抑制される用量を最高用量とする。約50%以上抑制される用量での試験は必要ない。細胞増殖は短時間処理法による試験あるいは連続処理法による試験においても染色体標本作製時に計測する。50%以上の細胞増殖抑制が認められない場合は，5mg/mLまたは10mM（いずれか低いほう）を最高用量とする。

  細胞増殖抑制が認められず，処理終了時に被験物質の析出が認められた場合には，析出が認められる最低濃度を試験の最高用量とすることができる。用量相関性のある細胞増殖抑制が被験物質の析出状況下で認められる場合には，析出の見られる濃度が2用量以上あることが望ましい。析出物が試験の測定を妨げる場合には，要求されている細胞増殖抑制が得られなくてもよい。

- MLA

  適切な間隔（原則として公比$\sqrt{10}$以下）で4段階以上の突然変異コロニーが解析できる用量を用いる。最高用量は用量設定試験の結果から80%以上の細胞毒性が得られる用量とする。すなわち，20%以下の相対生存率（Relative survival：RS）もしくは20%以下の相対増殖率（Relative Total Growth：RTG）である。ただし，90%以上の細胞毒性が認められる用量で陽性結果が得られた場合には，結果

の解釈には注意を要する。最高用量に必要な細胞毒性は原則として被験物質によって両者に大きな違いがみられた場合は，安全性を考慮して弱い細胞毒性を示す値を採用する。

　80％以上の細胞毒性が認められない場合には5 mg/mL または10mM（いずれか低いほう）を最高用量とする。80％以上の細胞毒性が認められず，処理終了時に被験物質の析出が認められた場合には，析出が認められる最低濃度を試験の最高用量とすることができる。析出物が試験の測定を妨げる場合には，要求されている細胞毒性が得られなくてもよい。

### 3）試験のプロトコル
●染色体異常試験

　被験物質の処理は3〜6時間とし，処理開始から約1.5正常細胞周期後に標本を作製する。代謝活性化系の存在下および非存在下の両方で陰性結果あるいは判定不能な場合には，代謝活性化系の非存在下で約1.5正常細胞周期の連続処理試験が必要である。*in vitro* の小核試験にも同じ原則が適用される[7]。ただし，被験物質の処理開始から1回の細胞周期を終了させ，次の分裂に入らせるため，一般に1.5〜2正常細胞周期後に標本を作製する。

●MLA

　被験物質の処理は3〜4時間とする。代謝活性化系の存在下および非存在下の両方において陰性結果あるいは判定不能な場合には，代謝活性化系の非存在下で約24時間の連続処理試験が必要である。(i) 主として小さなコロニーを誘発する陽性対照を用い，(ii) 陽性対照，溶媒対照および被験物質（陽性の場合）で陽性になった少なくとも1用量においてコロニーサイズの分類が必要である。

### 4）代謝活性化

　適切な代謝活性化系存在下および非存在下の状態で被験物質を細菌に曝露させる。最も一般的に用いられる系は，Aroclor1254などの酵素誘導剤で処理したものか，フェノバルビタールと $\beta$-ナフトフラボンを併用し，ラットの肝臓から得たミクロソーム画分（S9）に補酵素を添加したS9-Mixである。通常，S9-Mix中，1〜10％の濃度でS9が添加される（通常5％）。化学構造によっては，S9濃度やS9調製用の動物種を選択し実施する。

### 5）対照

　陰性対照として溶媒処理群を，陽性対照として適切な既知の遺伝毒性物質による処理群を設ける（詳細は表1を参照）。

### 6）観察または検出
●染色体異常試験

　スライド標本はコード化し，処理条件がわからない状況で観察する。染色体構造異常については，各用量当たり200個以上のよく広がった分裂中期細胞（染色体数がモード数±2）を観察し，染色体構造異常をもつ細胞数を記録する。さらに，構造異常の種類別に細胞数あるいは出現数を記録する。2

枚のプレートを用いた場合には，原則としてプレートあたり100個以上の分裂中期細胞を観察する。染色体の数的異常については，各用量あたり200個以上の分裂中期細胞について観察し，倍数体等の出現数を記録する。

● MLA

被験物質処理直後の細胞を一部分取し，マイクロウェルプレートに播種して適切な期間培養し，生育コロニーを含むウェルを計数し，生存率を算出する。残りの細胞は2日間の突然変異発現期間に，毎日細胞濃度を測定して適宜継代した後，マイクロウェルプレートにトリフルオロチミジン（TFT）存在下および非存在下で播種して適切な期間（通常12日間）培養し，それぞれTFT耐性変異体コロニーおよび生育コロニーを含むウェルを計数して，突然変異誘発頻度を算出する。なお，コロニーサイズの解析のためにTFT耐性変異体コロニーを含むウェルはコロニーの大小別に計数する。

### 7）判定

● 染色体異常試験

染色体異常を持つ細胞の出現頻度および倍数体の出現頻度から判定・評価する（染色体構造異常を持つ細胞，または倍数体の出現頻度が溶媒対照と比較して上昇し，かつ，その作用に用量依存性または再現性が認められた場合には陽性と判定される）。

● MLA

適切な統計処理法を用いるとともに，突然変異誘発頻度の有意な上昇および用量依存性の有無を考慮する。最終的な判定は試験条件下での生物学的な妥当性も考慮して行うことが望ましい。被験物質処理群，陰性および陽性対照群について，薬物処理直後のコロニー形成率（PE0）と陰性対照に対する相対生存率（RS），2日間の突然変異発現期間中の細胞増殖率を考慮した細胞毒性指標（RSG，RTG），突然変異発現期間終了後のコロニー形成率（PE2），突然変異誘発頻度，統計処理結果を表示する。陰性および陽性対照でのコロニーサイズの解析，ならびに被験物質処理群で突然変異頻度の上昇が認められた場合には，最大突然変異頻度が得られた用量を含めた，少なくとも1用量以上でのコロニーサイズの解析結果を表示する。

## 2 本試験法の運用方法に関する留意点

①実験動物に発がん性を示さない物質に陽性結果を与える場合が多い（偽陽性）[1]。その他の因子（培地のpHや浸透圧の変化，アポトーシスの誘発等）によっても誘発されるためである。

②小核試験は，染色体の形態観察に比べ，検出が容易であり，より簡便に染色体の誘発を検索できる。小核出現が染色体の構造異常によるのか，分裂装置の異常に由来するのか推定することができる。異数性細胞の検出にも有用である[1]。

③ICHにおけるガイダンスでは，最高濃度の上限は1 mMまたは0.5mg/mLのいずれか低い用量とされている[8]。

④染色体異常試験において，より高用量を短時間処理する方法が感度を高めるとされている。よって，

代謝活性化の存在および非存在下での短時間処理を行い，陽性結果が得られた場合には終了してよい．陰性結果が得られた場合には代謝活性化非存在下の確認試験として，正常細胞周期の1.5倍時間の連続処理を行う．代謝活性化存在下の陰性を確認する統一的な方法は確立されていないが，ケースバイケースで判断し，適切な方法が考えられる場合には確認試験を実施する[4]．

⑤染色体異常試験におけるギャップは，染色分体の幅よりも狭い非染色性部位と定義され，これにより最終評価にはギャップは含めない[4]．

⑥染色体異常試験では，分裂中期細胞数に対する倍数体（核内倍化を含む）細胞の出現頻度を百分率で記録することによって倍数性の情報を得ておくべきである．高い分裂指数（MI）あるいは倍数体細胞発現頻度の増加は，その化合物が異数性誘発能をもつ可能性を示唆している[4]．

⑦*in vitro*細胞遺伝学的試験では，ヌクレオシドアナログおよびニトロソアミンのような，ある種の化学物質では処理時間を長くするか，あるいはサンプリング時間を遅らせるか，または回復期間を設けることで容易に検出できる場合もある[4]．

⑧MLAは点突然変異の小さな遺伝子変異だけでなく，染色体レベルに及び，大きな欠失等の遺伝子的変化も検出できる．大きな変異を持つ突然変異体は細胞増殖速度が遅い変異体（small colony）としてとらえることができる．1997年のICH会議において，遺伝毒性の標準的な組み合わせに加えられた[4]．軟寒天培地中でコロニーを形成させる"soft agar"法と96穴プレートを用いる"Micro well"法の両方とも受け入れ可能とされている．

⑨同一条件での試験法の繰り返しは原則として必要ない．ただし，結果があいまいな場合には再現性を見るための確認試験が必要である．その場合には処理用量を変えるなど，プロトコルの最適化をはかった後に試験を実施する[4]．

## まとめ

エイムス試験と同様，哺乳類培養細胞を用いる試験は，①試験法が作用機構に基づいて開発されていること，②簡便かつ安価なスクリーニング法であること，③動物実験の3Rsが反映されていること，④再現性が高いこと，⑤発がん性との予測性は必ずしも高いわけではないが，ある程度の予測性を有していること，⑥長年の研究から適用限界が明確であること，があげられる．

この試験法が開発された当時は，試験法のバリデーションという概念がなかったが，研究・開発や精度管理など経て，多くの改良・改善がなされた．現在の動物実験代替法のバリデーションではこれらを短期間ですべて確認しなければならない．

●参考文献
1) 能美健彦：遺伝毒性，臓器毒性・毒性試験，新版　トキシコロジー，日本トキシコロジー学会教育委員会編集，pp.155-168(2009)
2) OECD test guideline (2012)
   Available at: http://www.oecd.org/document/40/0, 3746, en_2649_34377_37051368_1_1_1,00.html
3) 最新OECD毒性試験ガイドライン，化学工業日報社，東京 (2010)
4) 厚生省医薬安全局審査管理課長：医薬品の遺伝毒性試験に関するガイドラインについて，医薬審第1604号（平成11年11月1日）
5) 承認審査の際の添付資料：第3章　医薬部外品の製造販売承認，化粧品・医薬部外品製造販売ガイドブック2008，pp.130-159，薬事日報社，東京 (2008)
6) 日本化粧品工業連合会編：化粧品の安全性評価に関する指針（2008年），pp.1-37，薬事日報社，東京 (2008)
7) Kirsch-Volders, M., T. Sofuni, M. Aardema, S. Albertini, D. Eastmond, M. Fenech, M. Ishidate, S. Kirchner, E. Lorge, T. Morita, H. Norppa, J. Surralles, A. Vanhauwaert, A. Wakata: "Report from the *in vitro* micronucleus assay working group", *Mutation Research*, **540**, 153-163 (2003)
8) Guidance for Industry S2 (R1) Genotoxicity Testing and Data Interpretation for Pharmaceuticals Intended for Human Use (2011)
   Available at: http://www.fda.gov/downloads/Drugs/GuidanceComplianceRegulatoryInformation/Guidances/ucm074931.pdf

# 各論 18 遺伝毒性試験
## —げっ歯類を用いる小核試験—

## はじめに

　動物個体を用いて遺伝毒性を検出する方法として，げっ歯類の骨髄細胞を用いる染色体異常試験および造血系細胞を用いる小核試験が一般的である。このうち，汎用性の高いげっ歯類の小核試験について紹介したい。なお，EU においては，2013年3月より化粧品の安全性評価に実験動物が使えない状況になっているが，日本においては，ポジティブリスト収載品や医薬部外品の許認可に動物実験が必要なことに変わりはない。よって，本試験法は重要な安全性評価法の1つである。

## 1　試験法

### (1) 試験法の紹介[1]

　げっ歯類動物（マウスが一般的）に被験物質を投与後，造血系細胞における被験物質の染色体異常誘発性を検索する試験法である。哺乳類の赤血球は成熟過程で核を細胞外に放出し，無核である。しかし，分裂時に染色体の構造異常に由来する動原体を持たない染色分体や分裂装置に異常が生じ，それが分裂した細胞の核内に取り込まれなかった場合，断片が娘脱核時に排出されず赤血球内に取り残される。その断片は光学顕微鏡下では小核状に観察される。

　染色体異常に起因して生成する小核を骨髄または末梢血を用いて検出する小核試験は，染色体異常誘発物質を検出する簡便な試験法として受け入れられている。さらに異数性誘発物質を検出できる可能性がある。

### (2) 試験法の概要

　経済協力開発機構（OECD）や医薬品等のガイドラインでの主な相違点を**表1**に示す[2~6]。また，主な共通点を以下にまとめた。

1) 動物

　若い成熟げっ歯類を用いる。

2) 動物数

　1群，5匹以上とする。

表1 各ガイドラインにおけるげっ歯類の小核試験の相違点

|  | 医薬品非臨床試験ガイドライン[4]および医薬部外品の承認申請資料[5] | 化粧品の安全性評価試験法[6] | OECDテストガイドラインNo.474[2] |
| --- | --- | --- | --- |
| 試験動物 | 若い成熟したげっ歯類 | 雄マウス、または雌ラット | 骨髄を使用する場合、マウスまたはラット、末梢血を使用する場合にはマウス |
| 動物数 | 1群、性あたり5匹 | 1群5匹以上 | 各群とも各性5匹以上 |
| 投与経路および方法 | 臨床適用経路、強制経口または腹腔内投与 | 腹腔内、または経口強制投与 | 腹腔内、または経口強制投与 |
| 最大投与用量 | 14日以内2,000mg/kg、14日を超えると1,000mg/kg | ～2,000mg/kg | 最長14日2,000mg/kg、14日を超えると1,000mg/kg |
| 投与用量 | 少なくとも3段階以上 | 3段階以上 | 3段階 |
| 投与回数および標本作製時期 | 単回(骨髄：検体採取2回以上、投与後24～48時間の間、末梢血：採取2回以上、投与後36～72時間の間)または反復投与(骨髄：最終投与後、18～24時間、末梢血：最終投与後、24～36時間) | 1回、または2回連続 | 1回のみ(骨髄：検体採取2回以上、投与後24時間以上および48時間を超えない範囲、末梢血：採取2回以上、投与後36時間以上および72時間を超えない範囲)または2回/日以上(骨髄：最終投与後、18～24時間、末梢血：最終投与後、36～48時間) |
| 陰性対照 | 溶媒 | 溶媒 | 溶媒 |
| 陽性対照 | メタンスルホン酸エチル、マイトマイシンC、シクロホスファミド | 既知小核誘発物質 | メタンスルホン酸エチル、エチルニトロソ尿素、マイトマイシンC、シクロホスファミド(一水和物)、トリエチレンメラミン |
| 観察細胞数 | コード化した標本について、個体あたり2,000個以上の幼若赤血球についての小核の有無を検索する。同時に骨髄細胞の増殖抑制の指標として、全赤血球に対する幼若赤血球の出現頻度を、骨髄細胞を用いる場合には、最低200個、末梢血を用いる場合には、最低1,000個の赤血球を観察することにより求める。 | ①被験物質処理後、適切な時期に処置して、骨髄塗抹標本を作製 ②個体あたり2,000個の多染赤血球について、小核の有無を検索 同時に全赤血球に対する多染赤血球の出現頻度を算出する。 | 各動物の全赤血球(未熟+成熟)中の未熟赤血球の割合は、骨髄については200個以上の赤血球の計測、末梢血については1,000個の赤血球の計測により決定する。すべてのスライドは顕微分析の前に無差別にコード化する。小核未熟赤血球の発生率を求めるため、動物あたり2,000個以上の未熟赤血球を計測する。小核含有成熟赤血球を記録することにより、さらなる情報が得られる可能性がある。 |
| 判定 | 個体ごとに小核を有する幼若赤血球の出現頻度および全赤血球に対する幼若赤血球の比を表示する。陰性対照群の背景データの利用を含め、適切な統計処理を用いることにより結果の判定を行う。 | 小核を有する多染赤血球の出現頻度、および全赤血球に対する多染性赤血球の出現頻度から判定・評価。小核を有する多染赤血球の出現頻度が溶媒対照、または背景データと比較して統計学的に有意に上昇し、かつその作用に用量依存性、または再現性が認められた場合に陽性と判定される。 | 小核細胞数の用量依存性の増加または1サンプリング時の1用量群における小核細胞数の明確な増加などで陽性結果を決定する。結果の生物学的関連性をまず考慮する。統計解析は結果を評価する目的で用いる。 |

3) 被験物質の調製

被験物質は適当な媒体に溶解または懸濁させて調製する。

4) 投与経路

強制経口投与または腹腔内投与とする。

5) 投与回数

単回または反復投与とする。

6) 用量段階

なんらかの毒性徴候が現れる用量を最高用量とし、原則として3段階以上の試験群を設定する。なお、毒性徴候が現れない場合の最高用量は、単回または14日以内の反復投与の場合2,000mg/kg/日、

それを超える長期連続投与では1,000mg/kg/日とする。

7）**対照群**

　陰性対照は，原則として溶媒対照とする。陽性対照としては，既知小核誘発物質を用いる（表1参照）。

8）**標本作製時期**

①骨髄を用いる場合

　単回投与では，投与後24〜48時間の間に適当な間隔をおいて最低2回の標本作製時期を設定し，動物を屠殺，骨髄塗抹標本を作製する。また，複数回の投与を行った場合には，最終投与後18〜24時間の間に1回標本作製を行う。

②末梢血を用いる場合

　単回投与では，投与後36〜72時間の間に適当な間隔をおいて最低2回の採血時期を設定し，標本を作製する。また，複数回の投与を行った場合には，最終投与後24〜48時間の間に1回標本作製を行う。

9）**観察細胞数**

　コード化した標本について，個体あたり2,000個以上の幼若赤血球について小核の有無を検索する。同時に骨髄細胞の増殖抑制の指標として，全赤血球に対する幼若赤血球の出現頻度を，骨髄細胞を用いる場合には最低200個，末梢血を用いる場合には，最低1,000個の赤血球を観察する。

10）**判定**

　個体ごとに小核を有する幼若赤血球の出現頻度および全赤血球に対する幼若赤血球の比を表示し，陰性対照群の背景データの利用を含め，適切な統計処理を用いることにより結果を判定する。

## 2　試験法の注意点

①溶媒は，生理食塩液などの水系溶媒が推奨されるが，溶解しにくい場合には適切な媒体に懸濁するか，またはオリーブ油など他の溶媒（被験物質と反応性がなく，毒性を示さない投与量）を用いる。投与直前に調製することが望ましいが，調製液が安定であればその限りではない[4]。

②用量は，定められた公比の範囲内で，毒性徴候が現れない用量域を含む比較的広い用量範囲を設定し，用量相関関係を把握できるよう心がける[4]。

③ラットについては，骨髄を用いた場合に肥満細胞の顆粒による疑似小核が出現する可能性があることから，適切な手法を用いて観察する。また，末梢血を用いた場合には小核を持つ赤血球が脾臓で除去される可能性があることなどを考慮する[4]。

④単回投与における予備試験を行い，標本作製時期を検討した場合は，適切な時期での1回のみの標本作製とすることができる。この場合，標本作製時期はより明白な小核誘発頻度の上昇が認められる時期とする。ただし，いずれの時間においても明白な小核誘発頻度の上昇が認められない場合は，上述8）の標本作製時期に従う[4]。

⑤げっ歯類以外の動物種でも，染色体異常を検出できる十分な感度が認められる場合には，骨髄細胞での染色体異常または小核試験がともに受け入れられる。また，小核を持つ赤血球が脾臓で除去されないことが示されているか，または染色体異常／異数性誘発物質を検出できる十分な感度

が認められる場合には，末梢血を用いた小核試験が骨髄と同等に受け入れられる[4]。
⑥陰性の場合の骨髄での曝露証明[4,7]

　いずれかの in vitro 試験で陽性の結果を示した被験物質については，以下の方法のいずれかにより in vivo 試験での曝露の証拠を示さなければならない。in vitro 試験で遺伝毒性が認められなかった場合には，標的細胞が曝露されたことを以下の方法を用いて証明するか，トキシコキネティクス，標準的な吸収，分布，代謝，排泄試験の結果から推察する。

　1）全赤血球に対する幼若赤血球の割合の有意な変化（細胞毒性）
　2）血中もしくは血漿中における被験物質またはその関連物質の測定による生体への取り込みの確認
　3）骨髄中での被験物質またはその関連物質の直接的測定
　4）オートラジオグラフィーによる組織曝露の評価

　2）～4）の方法においては，in vitro 試験で陽性の場合には小核試験と同じ動物種，系統，および投与経路を用いて，最高用量あるいは適切な用量について行われることが望ましい。

　なお，代謝活性化により作用を現す物質においては，活性体が不安定で2）～4）の測定が適さない場合もある。骨髄での十分な曝露証明が得られないような場合には，肝臓など他の臓器を標的とする遺伝毒性試験系のうち適切なものを被験物質に応じて選び，追加することが望ましい。

⑦スライドを分析するとき，全赤血球に対する未熟赤血球の比率は対照値の20％未満であってはならない[2,3]。
⑧動物が連続的に4週以上の投与を受けるとき，動物につき2,000個以上の成熟赤血球についても小核発生率を計算する[2,3]。
⑨適切に評価されたものであれば，自動解析装置（画像解析およびフローサイトメトリー）を使用することができる[2,3,7]。
⑩統計的な有意性のみが判断基準ではないので，判断のつきにくい結果が得られた場合には実験条件を検討したうえで再試験を行い，最終的な判定を下すことが望ましい。なお，両性を用いた場合に，明確な性差が認められなければ，両性のデータをまとめて統計処理を行ってもよい[2,3,4]。
⑪化学物質の投与に伴うストレスや体温の変化などでDNA損傷とは無関係の要因も小核を誘発するので，結果の解釈には注意を要する[4,7]。

## まとめ

　近年，哺乳類細胞を用いた染色体異常試験や遺伝子突然変異試験では，偽陽性の率が高いことが明らかになり[8]，げっ歯類の小核試験に加え，第2の in vivo 試験を実施するバッテリーがICHガイダンスS2（R1）でも提唱されている[7]。これらには，多臓器（肝臓，胃など）を用いた小核試験，トランスジェニックマウスを用いた遺伝子突然変異試験，哺乳類肝細胞を用いる in vivo 不定期DNA合成試験，および in vivo コメットアッセイ等の試験系があり，総合的に遺伝毒性を評価するために有効であるとされている。

●参考文献
1) 能美健彦：遺伝毒性，臓器毒性・毒性試験，新版 トキシコロジー，日本トキシコロジー学会教育委員会編集，pp.155-168 (2009)
2) OECD test guideline (2012) Available at:
http://www.oecd.org/document/40/0, 3746, en_2649_34377_37051368_1_1_1_1, 00.html
3) 最新OECD毒性試験ガイドライン，化学工業日報社，東京 (2010)
4) 厚生省医薬安全局審査管理課長：医薬品の遺伝毒性試験に関するガイドラインについて，医薬審第1604号（平成11年11月1日）
5) 承認審査の際の添付資料：第3章 医薬部外品の製造販売承認，化粧品・医薬部外品製造販売ガイドブック2008, pp.130-159, 薬事日報社，東京 (2008)
6) 日本化粧品工業連合会編：化粧品の安全性評価に関する指針（2008年），化粧品の安全性評価に関する指針，pp.1-37, 薬事日報社，東京 (2008)
7) Guidance for Industry S2(R1) Genotoxicity Testing and Data Interpretation for Pharmaceuticals Intended for Human Use (2011) Available at:
http://www.fda.gov/downloads/Drugs/GuidanceComplianceRegulatoryInformation/Guidances/ucm074931.pdf
8) Kirkland D, Aardema M, Henderson L, Müller L.: Evaluation of the ability of a battery of three in vitro genotoxicity tests to discriminate rodent carcinogens and non-carcinogens I. Sensitivity, specificity and relative predictivity, *Mutat Res.*, **584**(1-2), 1-256 (2005)

# 各論 19 生殖発生毒性試験

● **はじめに**

　生殖発生毒性試験とは，化学物質の生体への適用がその生殖発生の過程において，何らかの悪影響を誘発するかどうかに関する情報を得ることを目的として行う動物実験である[1]。化粧品は多くの健常人，特に妊娠の可能性を持つ女性が汎用する製品であることから，新規有効成分の安全性評価においては，本試験は必須と考える。医薬部外品の安全性評価試験としては記載があるが[2]，化粧品の安全性評価に関する指針には試験法の記載がない[3]。筆者は本分野の専門家ではないので，言葉の定義を整理した後，公定化されている試験法の概略を記載するに留め，詳細な留意点を避けたことをご容赦いただきたい。また，生殖発生毒性の成因・原則・機序・代表的な物質などは成書で確認していただきたい[4]。

## 1　生殖発生毒性とは？

### (1) 言葉の定義[4]

先 天 異 常：正常の範囲の変異を越えた発生のひずみで，出生前にその出現が方向づけられているものをいう。
発 生 毒 性：次世代の成熟までの発生時期における作用を示す。
生 殖 毒 性：親の関与が直接および世代の離乳期までの作用を指す。
生殖発生毒性：近年発生毒性と生殖毒性を一緒にして称する。
催 奇 形 性：奇形を引き起こす能力，環境要因が胎生期に作用した場合，形態的ないし機能的な発生障害をきたす能力をいう。
胎 児 毒 性：胎生期に作用した環境要因が出生前の胎児に発生障害を引き起こす能力，催奇形性を含む。

### (2) 生殖発生毒性に及ぼす影響

　生殖発生毒性に及ぼす悪影響としては，生殖細胞の形成障害や受胎阻害などの親世代の生殖機能に対する悪影響，妊娠の維持，分娩，哺育などに対する悪影響，次世代の胎児期脂肪と発育遅滞および奇形の発生などの胚・胎児発生に対する悪影響，出生後の成長と発達に対する悪影響などがあげられ

る[1]。親（妊娠期）と次世代（胎生期）が共存する時期は生殖発生過程の中で重要である。特に，その中で妊娠の初期，すなわち胎児の主要な器官が形成される時期（主要器官形成期）が最も重要である[4]。この期間に環境要因が作用すれば肉眼的形態異常，すなわち奇形が生じる。

## 2 試験法

経済協力開発機構（OECD）[5,6]や，日米EU医薬品規制調和国際会議（ICH）においてガイドラインが発表されているが，生殖発生毒性試験とは哺乳動物を用いて医薬品や化学物質の生殖発生毒性に対する悪影響を第一義的に検出するスクリーニングである[1]。特に，OECDテストガイドライン（TG：Test Guideline）では，表1に示すように多くの試験法があげられている。出生前発生毒性試験（TG414），一世代繁殖毒性試験（TG415），二世代繁殖毒性試験（TG416），生殖／発生毒性スクリーニング試験（TG421），反復投与毒性試験と生殖発生毒性スクリーニング試験の複合試験（TG422），神経発生毒性

**表1　生殖発生毒性試験関連 OECD テストガイドライン**

|  | TG414 | TG415 | TG416 | TG421 |
|---|---|---|---|---|
| 試験名 | 出生前発生毒性試験 | 一世代繁殖毒性試験 | 二世代繁殖毒性試験 | 生殖／発生毒性スクリーニング試験 |
| 成立年 | 2001 | 1983 | 2001 | 1995 |
| 目的 | 出生前曝露が妊娠被験動物および発生過程の胎児に与える影響について全般的な情報（胎児の脂肪，構造異常，発育異常，母体への影響）を得ること。 | 性腺機能，発情周期，交尾行動，受胎，分娩，授乳，離乳といった雄および雌の生殖遂行に対する被験物質の影響に関する一般的情報を得るため。 | 被験物質が雌雄の生殖器系の健全性および生殖能に与える影響，すなわち生殖腺の機能，性周期，交尾行動，受胎，妊娠，分娩，哺育，離乳などに与える影響，ならびに出生児の成長および発達に与える影響について全般的な情報を得ること。 | 被験物質が雌雄の生殖腺の機能，交尾行動，受胎，受胎による胎児発生，分娩などに与える影響について限定的な情報を得ること，化学物質の毒性評価の初期段階で，または懸念のある化学物質について，生殖や発生に対する影響の可能性に関する初期情報を得ること。 |
| 望ましい動物種／1群当たりの匹数 | ラットおよびウサギ／雌20匹 | ラットまたはマウス／20匹の妊娠動物 | ラット／20匹の妊娠動物 | ラット／各性10匹 |
| 投与期間 | 着床から出産1日前 | 雄：成長期および少なくとも1回の完全な精子形成期（マウスで約56日，ラットで約70日）<br>雌：2回の完全な発情周期<br>交配期間：両動物<br>妊娠および授乳期間：雌のみ | P世代雄：成長期間中，少なくとも1精子形成サイクル全体を含む期間<br>P世代雌：成長期間中，性周期全体を数回分含む期間にわたって投与<br>親（P）動物に対しては，交配期間中およびその後の妊娠期間からF1児の離乳まで投与。離乳後は，F1児に対し，成熟までの成長期間中，交配期間中およびF2世代の出生を経て，F2世代の離乳まで投与 | 雄：屠殺予定日の前日まで，少なくとも4週間，交配前2週間<br>雌：交配前の2週間，受胎までの期間，妊娠期間および分娩後少なくとも4日間，約54日間 |
| 指標 | 帝王切開後，速やかに雌を屠殺して子宮内容物を検査し，胎児の内臓や骨格異常を評価する。 | 全動物の状態観察，剖検および病理検査 | 全動物の状態観察，剖検および病理検査，特に雌雄の生殖器系の健全性および生殖能，ならびに出生児の成長および発達に対する影響を重視 | 交配／受胎能を観察し，さらに雄の生殖腺の詳細な病理組織学的検査，全動物の状態観察，剖検および病理検査 |

試験（TG426），拡張一世代繁殖毒性試験（TG443）である．試験概要を表1で確認していただきたい．

これらの TG の中で，米国では TG414，TG415および TG421/422の使用頻度が高いようである[8]．一方，ICH ガイドラインでは試験法のデザインが提案されている．使用される化学物質の用途，曝露の形態，予想される曝露濃度あるいはヒトに接触する可能性となる時期により，試験法は異なるので，ケースバイケースで試験計画が選択されなければならない[7]．これらの試験法で何らかの悪影響が認められた場合，ヒトへ外挿するための追加試験を計画する必要がある．

### ①試験デザインの計画性

ICH ガイドラインでは，連続的な生殖発生過程を 6 段階（交配前—受精，受精—着床，着床—硬口蓋閉鎖，硬口蓋閉鎖—妊娠終了，出生—離乳，離乳—性成熟）に区分して，それぞれの生殖発生事象に対する医薬品を検索することになっている．

ICH ガイドラインでは，表2に示すように，三試験計画法，単一試験計画法（げっ歯類）および二試験計画法（げっ歯類）が示されている．実際的な選択として示されている計画法，受胎能および着床までの初期発生に関する試験（Ⅰ試験），出生前および出生後の発生ならびに母動物の機能に関する試験（Ⅱ試験），胚・胎児発生に関する試験（Ⅲ試験）を実施する．

医薬部外品の試験留意事項には，医薬品等と同様に三試験計画法（SegⅠ～Ⅲ）が望ましいが，単一試験計画法および二試験計画法の結果に基づき安全性の確証が得られれば，いずれかの方法でも差し支えないとの記載がある[3]．

試験の選択は，研究者の裁量に委ねられており，試験計画に科学的な柔軟性が考慮されているが，選択し

| TG422 | TG426 | TG443 |
|---|---|---|
| 反復投与毒性試験と生殖発生毒性スクリーニング試験の複合試験 | 神経発生毒性試験 | 拡張一世代繁殖毒性試験 |
| 1996 | 2007 | 2011（改定 2012） |
| 比較的限られた期間に反復投与したことにより生じる健康被害について情報を得る．被験物質が雌雄の生殖能に与えるかもしれない影響，すなわち生殖腺の機能，交尾行動，受胎，胎児の発生，分娩などに与える影響について初期情報を得ること． | 被験物質を妊娠・授乳期間中に投与し，出生児の神経発生毒性の影響を評価すること． | 被験物質が出生前および出生後曝露に与える影響について全般的な情報を得ること． |
| ラット／各性10匹以上 | ラット／20腹 | ラット／20匹の妊娠動物 |
| 雄：剖検死の前日を含む，最短で4日間（交配前最短2週間，交配期間中，交配後約2週間を含む）雌：交配前2週間，妊娠までの変動期間，妊娠期間，分娩までの最短4日間，安楽死前日までを含む約54日間 | 妊娠6日から授乳期（生後21日） | 全動物の状態観察，剖検および病理検査 |
| 精巣の病理検査は必須，雄生殖腺の病理検査，全動物の状態観察，剖検および病理検査 | 出生児の身体発達指標（体重，耳介，開眼，切歯の萌出） | 全動物の状態観察，剖検および病理検査 |

表2　生殖発生毒性試験 ICH ガイドラインにおける試験デザインの選択

| | 三試験計画法 | 単一試験計画法 | 二試験計画法 |
|---|---|---|---|
| 選択1 | I 試験：受胎能および着床までの初期胚発生に関する試験<br>II 試験：出生前および出生後の発生ならびに母動物の機能に関する試験*<br>III 試験：胚・胎児発生に関する試験 | | |
| 選択2 | | 胎児検査を含む一世代試験，二世代試験 | |
| 選択3 | | | 一世代（I＋II）試験，III 試験 |
| 選択4 | | | I 試験，II＋III 試験 |
| 選択5 | | | I 試験，II 試験 |
| 選択6 | | | I＋III 試験，II 試験 |

＊：投与期間を器官形成期投与と周産期／授乳期投与に分割して，それぞれ試験を行うことが適切な場合もある．

た論理的根拠および妥当性を説明しなければならない．繰り返しになるが，本試験の目的を十分に理解し，医薬品の特性および臨床使用を考慮し，キネティックス・データ，構造／活性の類似性，薬理試験や毒性試験成績などを参考にして科学的な根拠に基づき最も適切な試験計画を選択することが重要である[1]．

## ②動物種

ラット，マウスの感度が高いことにより，偽陽性も多い．ウサギは偽陽性が比較的少ない．III 試験では2種が使われる．ウサギは III 試験のデータが豊富であるとともに，III の結果を特に重視していることから，複数の動物種が用いられる．

## ③匹数

通常各群10～20匹

## ④投与経路と頻度，投与期間

医薬部外品の試験留意事項として，適用経路に準じ選択することが望ましいことがあげられる．経皮適用が困難な場合は経口でも可との記載がある[3]．皮膚適用の場合，動物がなめたり，ケージにこすりつけたりするので防止策が必要である．刈剃毛を行った場合の皮膚損傷にも注意が必要となる．皮膚適用の代替適用経路として皮下注射が用いられることもある（キネティックスが臨床適用経路に類似していることが基本である）．

## ⑤用量段階と限界量

用量反応関係および無毒性量を知るため，多段階の用量で実施される．医薬品の場合，限界量は1日あたり1 g/kg である．

## ⑥投与期間

各試験の投与中，連日投与が基本である。

## ⑦試験成績の評価

以下の点を考慮して，試験成績を分析し，総合的に毒性の特殊性とヒトへの外挿の限界を考察する。
- ・試験動物における生殖発生毒性の科学的真実性・妥当性の判断が困難
- ・実験動物とヒトとの系統発生的差異（種差など）が存在
- ・ヒトでの調査は極めて困難

その基本原理は，ヒトと薬物代謝のよく似た動物種で，母体毒性をきたさない低用量で，同じような型の発生毒性を示し，かつ類縁物質にも同じような傾向のあるものはヒトへの危険性が高い。

## まとめ

生殖発生毒性の試験デザインはシンプルではないが，上述したように，研究者の裁量・科学的な判断に委ねられており，試験計画に科学的な柔軟性が考慮されている。選択した論理的根拠および妥当性を説明しなければならない点をよく認識し，適切に試験デザインを作成して実施されることを希望する。

欧州ではRePoTectというプロジェクトにおいて[9]，本分野の動物実験代替法が検討されてきたが，バリデーションに進んだ試験法は *in vitro* のエストラジェン アゴニストおよびアンタゴニストアッセイのみしかない。ただ，作用機序的にはこれらは初期的なスクリーニングとして有用であり，主要ホルモンごとにこのアッセイが整備されることが，生殖発生毒性検出における動物を用いない動物実験代替法の第一歩であると考えられている。

### ● 参考文献

1) 医薬品非臨床試験ガイドライン研究会：「医薬品　非臨床試験ガイドライン解説」，pp.11-15，薬事日報社，東京 (2010)
2) 製造販売承認審査の際の添付資料：第4章　医薬部外品と化粧品の製造販売承認・届出制度，「化粧品・医薬部外品製造販売ガイドブック 2011-12」，pp.159-182，薬事日報社，東京 (2011)
3) 日本化粧品工業連合会編：化粧品の安全性評価に関する指針 (2008年)，「化粧品の安全性評価に関する指針」，pp.1-37，薬事日報社，東京 (2008)
4) 谷村 孝：臓器毒性・毒性試験，「新版　トキシコロジー」，日本トキシコロジー学会教育委員会編集，pp. (2009)
5) OECD test guideline (2013) Available at: http://www.oecd.org/document/40/0, 3746, en_2649_34377_37051368_1_1_1_1,00.html
6) 最新OECD毒性試験ガイドライン，化学工業日報社，東京 (2010)
7) 平賀武夫：生殖発生毒性試験，「新　獣医毒性学」，日本比較薬理学・毒性学会編，pp.61-69，近代出版，東京 (2009)
8) Basketter. D., et al.: A roadmap for the development of alternative (non-animal) methods for reproductive toxicity testing, ALTEX 29, 1/12, 3-91 (2012)
9) Reprotect (2013)　Available at: http://www.reprotect.eu/

## 各論 20 経皮吸収試験 (*in vivo*)

### はじめに

欧米では化粧品の安全性評価試験の1つとして，経皮吸収試験は必須であった．昨今，動物愛護の高まりから *in vivo* 試験は行いにくい状況にある．しかし，経皮吸収試験は本来，皮膚から吸収された薬剤の体内移行や代謝，排泄までを評価する試験であり，成分のリスク評価（曝露評価）には避けて通れない試験である．OECD テストガイドライン（TG）No.427より[1,2]，試験法を構築する上で特に留意する事項を以下に並べてみた．これらを満たさないデータに適切な理由がないものは，結果として採用されるべきではない．

### 1 試験法の概要[3,4]

一般的な経皮吸収においては，被験物質は皮膚（角質層，表皮，真皮）を経て，血液を介して各臓器に運ばれる．皮膚で結合，代謝，排泄される場合もあるが，体内に分布し，代謝，排泄される[5,6]．OECD TG No.427では[1,2]，あらかじめ設定された皮膚領域に適当なチャンバーを用いて，適量を適切な時間（6または24時間）適用した後，被験物質の吸収・分布・代謝・排泄を調べるため，代謝ケージを用いて皮膚，血，尿，糞中（場合によっては呼気），残存物の被験物質濃度が正確な回収率になるように要求している．これを全身循環系で確認するためには，放射性同位元素で標識した被験物質を用い，放射活性比が100±10％となるようにしなければならない．経時的に採血して観察を行う場合もある．

これらの内容は局所皮膚的適用製剤の後発医薬品のための生物学的同等性試験ガイドラインの中の[7]残存量試験，薬物動態学的試験にも記載されている．

## 2 試験実施上の留意点

上記の内容を含め，経皮吸収試験の影響因子を表1に示すとともに[8,9]，以下に留意事項をまとめた。

表1 経皮吸収の影響因子

| 項目 | パラメーター |
|---|---|
| 被験物質 | 純度<br>分子量<br>n‐オクタノール／水分配係数 |
| 溶媒 | 溶媒の種類，処方構成<br>溶解性<br>揮発性 |
| 皮膚 | 種，系統<br>年齢，性別<br>適用部位<br>温度<br>損傷の有無 |
| 適用 | 適用面積<br>適用量／cm$^2$<br>適用期間 |

### (1) 皮膚透過部位

一般的には動物では腹側部または背部が実験に用いられる。吸収は表皮から真皮へと至る経皮吸収と付属器官からの吸収に分かれる[10]。毛孔や汗腺は高分子やイオン性物質の透過性が高いが，皮膚全体の0.1％にすぎない[11]。低分子の皮膚付属器官を介する拡散速度は角質実質部より10倍ほど高い。一方，脂溶性が高く，分子量が小さい薬剤は皮膚への拡散性が大きく，ほとんどの薬剤は受動拡散される。

### (2) 種差，性差，匹数

ラットが一般的である。ヘアレス動物を用いる場合も多い。モルモットやブタおよびサルはヒトに似ており，ラットやウサギは透過しやすい。性差のデータは不明である。匹数は4匹以上必要と考える。

### (3) 適用方法および皮膚損傷の有無

薬剤をなめないようにカラーを付けたり，ケージにつかないようにランドセルのようなチャンバーを装着させる。損傷皮膚は経皮吸収が高くなる。乾燥した皮膚や，脱脂したり，テープストリッピングした後に薬剤を適用するなどの方法がケースバイケースで利用される。閉塞貼布か，開放塗布も大きな問題である。

毛刈も重要な問題であり，ヘアレス動物を用いるならともかく，ラットやモルモットを用いる場合には剃毛か刈毛かで結果が異なる。

### (4) 物性

皮膚からの吸収には脂溶性，イオン化，分子量，溶媒などの影響が大きい。皮膚透過性はn‐オクタノール／水分配係数が大きいほど高くなる[12]。ニトログリセリンなどは脂溶性で分子量が小さく，極めて経皮吸収が高い[13]。

溶解度限界近辺の薬剤を適用すれば最大の皮膚透過性となる。それ以上に可溶化剤を加えても溶解度が加えた薬剤量を上回ると経皮吸収は減少していくことから，可溶化剤による皮膚透過性の増加はない[14]。

## (5) 試験環境

有機物は被験物質の透過性や吸収を増大させる。pHは大きな変動因子である[15]。

局所温度は室温であれば大差はないが、より低温では吸収は少なく、高温では大きくなる。湿度も同様に、低湿での吸収は少なく、適度な高湿度では大きくなる。

## (6) 測定項目[1,2]

サンプリングごとの測定データには、皮膚、血、尿、糞中（場合によっては呼気）の他に残存物として、保護器具に付着した量、皮膚から取り除かれた量、皮膚から洗えなかった量、死体や分離分析で取り除いたあらゆる器官中の量をそれぞれグループ化して記録する。

## (7) 記録[1,2]

実験報告書には、GLPに従い、記録を残す。

# まとめ

リスク評価のために動物実験は必要であり、それに代わりうる動物実験代替法として皮膚透過性試験はあるものの、安全性評価のためには不十分である。GLPに則り、動物福祉の精神を遵守した実験計画を作成し、得られた結果を有益に使うべきである。

---

●参考文献
1) OECD Test Guideline No. 427: Skin Absorption: *In Vivo* Method, Paris (2004)
2) *in vivo* 皮膚吸収試験法，"最新OECD毒性試験ガイドライン"，化学工業日報，pp.594-609 (2010)
3) 島村剛史，夏目秀視，森本 憲，"最新動物実験代替法"技術情報協会，pp. (2007)
4) 小島肇夫，"最新・経皮吸収剤～開発の基礎から申請ポイントまで～，情報機構，pp.104-111 (2008)
5) Cohen, D.E. and Rice R.H., "トキシコロジー第6版"，キャサレット&ドール編，サイエンティスト社，pp.751-772 (2004)
6) 小島肇夫，トキシコロジー，トキシコロジー学会教育委員会編，朝倉書店，pp.246-254 (2009)
7) 薬食審査発第0707001号 (2003) 局所皮膚的適用製剤の後発医薬品のための生物学的同等性試験ガイドライン
8) Howes D., Guy R., Hadgraft J., Heylings J., Hoeck U., Kemper F., Maibach H., Marty J.-P.h, Merk H., Parra J., Rekkas D., Rondelli I., Schaefer H., Täuber U., Verbiese N., ATLA, **24**, 81-106 (1996)
9) Wester, R.C. and Maiback, H. I., "化粧品・医薬品の経皮吸収"，ロバートL. ブロナーおよびハワードI. メイバック編，杉林堅次監訳，フレグランスジャーナル社，pp.149-161 (2005)
10) Scheuplein, R. J., Invest Dertatol. **48**, 79-88 (1967)
11) 小幡誉子，ファルマシア，**49** (5) 405-409 (2013)
12) Portts, R. O. and Guy, R. H., Pharm. Res., **12**, 1628-1633 (1995)
13) 杉林堅次，日皮協ジャーナル，**56**, 51-57 (2006)
14) 杉林堅次，日本香粧品学会誌，**30** (4) 261-265 (2006)
15) 杉林堅次，"機能性化粧品素材開発のための実験法"，芋川玄爾編，シーエムシー出版，pp.340-346 (2007)

## 各論 21 経皮吸収試験 (*in vitro*)

### はじめに

本章では，*in vitro* 経皮吸収試験法（皮膚透過性試験法）として，OECD テストガイドライン No.428[1,2] および SCCP (Scientific Committee on Consumer Products) 基準[3] を中心に抜粋し，試験法を構築する上で特に留意する事項を並べた（表1）。これらを満たさないデータに適切な理由がないものは，結果として採用されるべきではない。

### 1　試験法の概要[4,5]

*in vitro* 法の長所は再現性が良く，簡便であり，物理化学的な測定因子を求めることができるなどがあげられるが，あくまで皮膚透過性として角層の透過性を評価するものである。

表1　OECD テストガイドライン No.428 と SCCP 基準の主な相違点

| 項目 | | OECD ガイドライン428 | SCCP基準 |
|---|---|---|---|
| 摘出皮膚 | 種 | ヒトまたは動物 | ヒトまたはブタ |
| | 部位 | なし | ヒト：腹，脚，胸<br>ブタ：腹，胸，背，側部，耳 |
| | 厚さ | 200〜400$\mu$m | ヒト：200〜500$\mu$m<br>ブタ：500〜1,000$\mu$m |
| | 強度 | なし | トリチウム水，カフェイン，ショ糖<br>TER, TEWL で確認 |
| レセプター液 | | 被験物質が溶解する<br>摘出皮膚に無影響<br>代謝試験では活性必要 | 親水性：生理食塩水，緩衝液<br>脂溶性：アルブミン，乳化剤使用<br>（摘出皮膚に無影響） |
| n数 | | 最低4 | ＞6 |
| 回収量 | | 100±10% | 100±15% |
| 適用時間 | | 24 | 24<br>ただし，酸化染毛剤の場合10〜60分 |
| 算出値 | 非流出系 | 洗い流し量（$\mu$g）<br>皮膚内量<br>レセプター（量，速度，%） | 絶対量（$\mu$g/cm$^2$）<br>吸収率（%） |
| | 流出系 | 透過係数 | |

## 2 試験法の留意点

### (1) 摘出皮膚
#### ①種差
　ヘアレスマウス，ヘアレスラット，モルモット，ブタなどの摘出皮膚が汎用されるが，マウス，モルモットはヒトに比較してバリア機能が適切でなく，不適である[3]。ブタはヒトと本質的な経皮吸収特性が似ているので，ブタが代替品として推奨される。ヒトでは一部を除き輸入に頼っており，新鮮な皮膚を入手できない。ヒト皮膚使用の際には，ウイルスの未感染の確認，施設の倫理規定に則らなければならない。

#### ②厚さ
　表皮をはがす際に真皮の部分まではがす必要があり，角質層から200〜500μmの厚みで摘出皮膚（Spilit-tickness skin）を採集する必要がある[1〜3]。1mm以上の摘出皮膚は避けるべきであるが，ブタではSpilit-tickness skinを得ることは難しく，full-thickness skin（500〜1,000μm）の利用が適している。角質層を取り除いたストリップスキンを用いると特に親水性物質の皮膚透過性が著しく高くなる[6]。脂肪除去の処理方法によって皮膚透過性が異なる[7]。

#### ③部位
　ヒトでは腹，足，胸，ブタでは腹，胸，背，側部，耳が適している[1〜3]。

#### ④性と年齢
　重要な因子ではない。

#### ⑤サイズ
　最小面積は0.64cm[2]。直径5cmが妥当である[8]。

#### ⑥n数
　最低4，6以上である[1〜3]。

#### ⑦活性
　皮膚の状態が保たれていれば，活性のない皮膚も利用できる。新鮮か，生きた状態が保たれた皮膚を透過実験に使用すると代謝も測定できる[1〜3]。24時間以内であれば新鮮といえるが，酵素処理や保管温度によって変わりうる。なお，数カ月の冷凍保存では皮膚バリア能はほとんど影響を受けない。

⑧温度

皮膚透過性と温度とは関連性があるので実験中は皮膚上部の温度をコントロールする[1~3]。32±1℃が妥当である。

⑨保管

摘出後すぐに−20℃以下でアルミホイルに包んで保管する。3カ月以内に用いる[9]。使用時には室温で解凍30分後に用いる。活性を見る場合には4℃で保管する。この場合には24時間以内に用いる。保管状態によりバリア強度が異なる。

⑩バリア強度

不十分な操作で角質層が損傷を受ける。そのために，トリチウム水やカフェイン，ショ糖などで強度を確認する。トリチウム水の使用では0.58±0.17%（n＝60）という結果が例示されている[9]。トリチウム水の使用は，放射性同位元素を用いる施設で実施する。その他，TER（電気伝導度）やTEWL（角質水分蒸散量）の測定でもよい[3]。

## (2) 器材

①拡散セル

非流出系として，並行型（side by sideセル，2チャンバーセル）および垂直型の拡散セル（フランツ型セル）が汎用されている[1~3,10]。並行型は薬物透過の基礎研究，垂直型は応用研究に用いられることが多い[11]。セルの材質はガラスであるが，被験物質により吸着への配慮が必要である[11]。ガラスにこだわることなく，テフロンコーティングしたものやステンレス製の拡散セルもある[12]。並行型セルは皮膚に気泡が付きにくく，水圧の影響を受けない利点がある[12]。短所としては，溶液製剤の皮膚透過性には適しているものの，貼付剤以外の軟膏やクリーム剤などの皮膚透過性の評価は困難なことである。

角質層をドナー側におき，正しく実験を行えば[1~3]，*in vivo* 皮膚透過性と十分な相関が得られる[13,14]。レセプター液を撹拌してサンプリングする。また，これら非流出型以外にフロースルー型拡散セルもある。この型では生理状態を維持するため，必要な栄養素を継続的に取り替える機能を備えているため，皮膚の活性を維持できる[11]。どちらも経時的なサンプリングが可能である。

②レセプター液

レセプター液の組成は被験物質の溶解性，安定性，拡散を妨げないように選択されなければならない。生理食塩水，緩衝液は親水性物質の場合には適切である。脂溶性物質の場合には血清アルブミンや適切な溶解剤（非イオン系界面活性剤：ポリエチレングリコール400やポリオキシエチレン(20)オレイルを40%以内）が使われるが，これらによって皮膚強度（バリア）に影響がないように選択する[1~3]。被験物質の脂溶性によっては溶解性に限界がある。被験物質のレセプター液中での溶解性が拡散を妨げないように溶媒に注意する。エタノールが5%以上含まれると経皮吸収に影響を及ぼすといわれて

おり，WHO が提案しているエタノール50％水溶液は使用できない[9]。

スターラーは150rpm で回して溶液を撹拌する[9]。レセプター中の被験物質の総量が10％を超えないようにサンプリングする[3]。

容量は最少として多くなりすぎないようにする。泡が入らないようにも注意する。期間中安定性を保つことが重要である。吸収特性と目的により，非流出型かフロースルー型拡散セルを選択する。

レセプター液は分析手法を妨げてはいけない。レセプター液に適した被験物質の量は，皮膚透過性の過小評価を引き起こさないため，飽和レベルの10％を超えるべきではない。

③被験物質

放射性同位元素（$^{14}$C, $^{3}$H）などを組み込んだ被験物質が理想的である[1~3]。ただし，放射性同位元素の純度や組み込まれた位置により分子形が変化し，若干異なる挙動を示す場合があるので注意が必要である。放射性同位元素の活性は0.4MBq/mg がよいという記載もある[5]。

放射性同位元素を用いない場合には，分析法のバリデーションが求められる。FDA のガイドラインに詳細な記載がある[15]。

1）物性

皮膚からの吸収には脂溶性，イオン化，分子量，安定性，溶解性，純度などの影響が大きい。親水性物質の評価は容易であり，脂溶性物質の評価は難しい[16]。皮膚透過性は n-オクタノール／水分配係数が大きいほど高くなる[17]。被験物質の物性を考慮に入れた実験系の構築が重要である。

2）溶媒

溶解度限界近辺の被験物質を適用すれば最大の皮膚透過性となる。それ以上に可溶化剤を加えても溶解度が加えた薬剤量を上回ると経皮吸収は減少していくことから，可溶化剤による皮膚透過性の増加はない。適用されるものと同じ溶媒を用いる[1~3]。原体，希釈，製剤などケースバイケースである。安定性を確保できる溶媒とする。

3）濃度

1濃度以上とする[1~3]。できれば，直線性を検討できる複数の濃度の結果があるとよい。

4）適用量

固体なら1～5 mg/cm$^2$，液体なら10 $\mu$L/cm$^2$，酸化染毛剤の場合[3]，20mg/cm$^2$とする。

5）温湿度

実験中は皮膚上部の温度をコントロールする[1~3]。32±1℃，湿度30～70％が妥当である。

6）曝露時間とサンプリング

洗い流さないものであれば，24時間適用する。サンプリングは24時間以内に数回行う。24時間を超えてのサンプリングは不適である[1~3]。酸化染毛剤のような洗い流す場合には，15～45分間処理し[3]，その後よく被験物質を洗い流し，24時間までサンプリングを続ける[2, 17]。サンプリングは最初の30分後にまず1回目を行い，少なくとも6回必要である。

④分析

1）回収

ドナーチャンバー，皮膚表面の洗浄液，摘出皮膚，レセプター液およびチャンバーに含まれるまたは付着するすべての被験物質を回収する[1〜3]。

2）測定指標

シンチレーションカウンター，HPLC（高速液体クロマトグラフィー），GC（ガスクロマトグラフィー）などを用いる[1〜3]。マイクロオートラジオグラフィーを用いれば，定量的な解析や分布を確認できる。

3）回収率

$100 \pm 10 \sim 15\%$ [1〜3]。

4）算出値

非流出系の場合，洗い流し量（$\mu g$），皮膚内量（$\mu g$），レセプター（量，速度，%）を求める。絶対量（$\mu g/cm^2$），吸収率（%）との記載もある[2]。流出系の場合には透過係数（Kp）を求める[3]。

⑤記録

実験報告書には，GLP（Good Laboratory Practice）に従い，記録を残す[1,2]。

## まとめ

皮膚透過性がなければ，有効性も毒性も引き起こされない。ただ，例えば皮膚刺激性物質がどれくらい皮膚透過されれば皮膚反応となるかの閾値はわかっていない。培養皮膚モデルでのデータ蓄積が進めば，ヒトやブタの摘出皮膚を使うことの可能性も考えられる。

●参考文献
1) OECD Test Guideline No. 427: Skin Absorption: *In Vivo* Method, Paris (2004)
2) in vitro皮膚吸収試験法，"最新OECD毒性試験ガイドライン"，化学工業日報 (2010) pp.610-625
3) SCCP/0970/06 Opinion on basic criteria for the in vitro assessment of dermal absorption of cosmetic ingredients (2006)
4) 島村剛史，夏目秀視，森本 憲，"最新動物実験代替法"，技術情報協会 (2007) pp.229-238
5) 小島肇夫："最新・経皮吸収剤〜開発の基礎から申請ポイントまで〜，情報機構 (2008) pp.104-111.
6) Watanabe, T., et al., AATEX, **8**, 1-14 (2001)
7) 杉林堅次，"機能性化粧品と薬剤デリバリー"，杉林堅次，正木 仁，市橋正光編，シーエムシー出版 (2013)，pp.1-7
8) COLIPA, Guideliens for percutaneous absorption, Brussels (1995)
9) 杉林堅次，化粧品大全，株式会社 情報機構，pp.389-395 (2007)
10) 杉林堅次，日本香粧品学会誌，**30**(4)，261-265 (2006)
11) Bronaugh, R. L., et al. "化粧品・医薬品の経皮吸収"，ロバート L. ブロナーおよびハワード I. メイバック編，杉林堅次監訳，フレグランスジャーナル社，pp.163-168 (2005)
12) 杉林堅次，COSME TECH JAPAN, **3**(1) 73-80 (2012)
13) Sato,K. Et al., Chem. Pharm. Bull., **36**, 2232-2238 (1988)
14) Sato,K. Et al., Chem. Pharm. Bull., **37**, 2624-2636 (1988)
15) Food and Drug Administration, Guidance for industry: Bioanalytical method validation (2001)
16) Sanco/222/2000 rev. 7, Guidance document on dermal absorption (2004)
17) Portts,R. O. and Guy, R. H., Pharm. Res., **12**, 1628-1633 (1995)

# 各論 22 経皮吸収と安全性評価

## はじめに

　日本では，医薬部外品における安全性評価，化粧品の安全性評価いずれにも，吸収・分布・代謝・排泄の項に，「実使用の適用経路が経皮のものについては，経皮吸収についての資料が必要である[1]。経皮吸収が認められる場合および安全係数があまり大きくない場合等については，それに加え，必要に応じて分布・代謝・排泄についての資料が必要となる」と記載され，その詳細は述べられていない。

　ところが，SCCP (Scientific Committee on Consumer Products)[2] も PCPC (Personal Care Products Council)[3] のガイドラインにも経皮吸収の方法，留意点が記載されており，さらにリスク評価に必要な重要な柱となっている。日本と欧米では明らかに経皮吸収の考え方が異なると考えている。本章では，経皮吸収結果を用いたリスク評価の考え方についてまとめた。

## 1　SCCPのリスク評価への利用の考え方[2]

　化粧品成分の安全係数(Margin of Safety：MoS)は，以下の式で求められる。

　　MoS = NOAEL/SED

　NOAEL (No observable adverse effect level)とは，無作用量，無毒性量のことであり，反復投与毒性，発がん性，催奇形性，発生毒性などの試験結果において，有害性所見がまったく見られない最高用量を指す。複数の結果が得られている場合には，最小値のNOAELが用いられる。SEDとは，Systemic Exposure Dosageのことであり，全身曝露量のことである。化粧品成分が血流に入ると予想される体重あるいは1日あたりの量を指す。mg/kg体重／日で表わされる。

　MoSの計算は，経皮曝露による試験からNOAELを求めることが理想であるが，経口しか結果がない場合もあり，経口によるNOAEL値を用いている。ただし，経口NOAEL量は，経口投与に用いた量であって，必ずしも経口投与後の化粧品成分の全身利用率ではない。経口吸収率のデータが利用できる場合には，計算にはこれを用いるべきであるが，用いない場合には，経口生体内利用率は100％と仮定する。

　SEDの計算は，予想される最高濃度に基づく一定時間の生体内利用性の絶対量($\mu$g/cm$^2$)に基づくことが望ましい。SEDの計算は経皮吸収率に基づいて行うこともできる。後者の場合，得られる

数値は皮膚に適用される用量に依存する。この場合，評価する濃度には予想される最低濃度を含まねばならない。*in vitro* 試験法（OECD テストガイドライン No.428）[4] では，固体では通常 $1 \sim 5\,\mathrm{mg/cm^2}$，液体では最高 $10\,\mu\mathrm{L/cm^2}$ というヒトへの曝露をシミュレートした適用量を示している。酸化染毛剤は例外であり，用途によって異なるが，通常，$20\,\mathrm{mg/cm^2}$ を30～45分間適用する。

被験物質の適用量が $2\,\mathrm{mg/cm^2}$ 未満の *in vitro* 試験は技術的に実施不可能であるが，通常，皮膚に適用される化粧品の量は使用条件下で $1\,\mathrm{mg/cm^2}$ に満たないことが経験から示されている。よって，*in vitro* 試験では使用条件を上回る量が適用され，試験用量の経皮吸収率％を SED の計算に使用すると，全身曝露量が過小評価されることになる。

したがって，経皮吸収をパーセンテージで表わす場合には，*in vitro* 試験から得られた吸収量も実使用条件下で適用した用量のパーセンテージで表わす必要がある。これは実使用条件下で適用する製剤の既定量と，製品種類別の皮膚表面積（Skin Surface Area：SSA）の規定値の比によって推定できる。

以上のように，化粧品成分の経皮吸収がどのように記載報告されているかは，2種類の SED 計算方法によって結論付けられる。

### (1) $\mu\mathrm{g/cm^2}$ で報告される化粧品成分の経皮吸収：

SED の計算には，対象成分を含む製剤を適用した場合に予想される皮膚表面積とともに適用頻度および保持係数を考慮に入れなければならない。その他の変数は，経皮吸収試験の適切なデザインにすべて組み込まれているはずである。

$$\mathrm{SED} = \mathrm{DAa}\,(\mu\mathrm{g/cm^2}) \times 10^{-3}\,\mathrm{mg}/\mu\mathrm{g} \times \mathrm{SSA}\,(\mathrm{cm^2}) \times \mathrm{F}\,(日^{-1}) \times \mathrm{R} / 体重\,(\mathrm{kg})$$

SED（mg/kg/日）＝全身曝露用量

DAa（$\mu\mathrm{g/cm^2}$）＝量/$\mathrm{cm^2}$ で報告される経皮吸収量

SSA（$\mathrm{cm^2}$）＝製剤の適用が予想される皮膚表面積

製品種類別の SSA 値，表1参照

F（日$^{-1}$）＝製剤の適用頻度

R＝保持係数（製品種類別の保持係数，表2参照）

体重＝60kg で想定

表1　製品の種類別における平均曝露皮膚表面積（SCCP[2]図表改変）

| 製品タイプ | 表面積（cm$^2$） | パラメーター |
|---|---|---|
| ヘアケア | | |
| シャンプー，ヘアコンディショナー | 1430-1440 | 両手および頭部の1/2の面積 |
| ヘアスタイリングジェル，ヘアスタイリングムース | 1010 | 両手および頭部の1/2の面積 |
| ヘアスプレー | 555-565 | 女性頭部の1/2の面積 |
| ヘアパーマネントローション，染毛剤スプレー，酸化あるいは永久染毛剤，毛髪脱色剤 | 580-590 | 頭部の1/2の面積 |
| 入浴・シャワー | | |
| ハンドソープ液，ハンド用固形石鹸 | 840-860 | 両手の面積 |
| ボディソープ，ボディ用固形石鹸 | 17500-19400 | 体の総面積 |
| バスフォーム，バスソルト，バスオイル | 16340 | 体の面積＋頭部の面積 |
| スキンケア | | |
| フェイスクリーム | 555-565 | 女性頭部の1/2の面積 |
| ボディローション，ボディパック | 15670 | 女性の体の面積＋頭部の面積 |
| ハンドクリーム | 840-860 | 手の面積 |
| フェイスパック，ピーリングパック・スクラブジェル，美白クリーム | 555-565 | 女性頭部の1/2の面積 |
| メイクアップ＆ネイルケア | | |
| 顔用メイクアップ，顔用クレンジング剤 | 555-565 | 女性頭部の1/2の面積 |
| アイシャドウ | 24 | |
| マスカラ | 1.6 | |
| アイライナー | 3.2 | |
| アイメイクリムーバー | 50 | |
| ネイルエナメル | 4 | |
| 除光液 | 11 | |
| デオドラント | | |
| デオドラントスティック・ロールオンデオドラント，デオドラントスプレー | 100 | |
| フットケア | | |
| フットクリーム | 1120-1170 | 足の面積 |
| フレグランス | | |
| オードトワレスプレー | 200 | |
| 香水スプレー | 100 | |
| 男性用化粧品 | | |
| シェービングクリーム，アフターシェーブ | 305-325 | 男性頭部の1/4の面積 |
| 日焼け用化粧品 | | |
| サンスクリーンローション，クリーム | 17500-19400 | 体の総面積 |
| ベビーケア | | |
| クリーム，オイル，パウダー | 190 | |
| その他 | | |
| 脱毛クリーム | 5460-5530 | 女性の脚の面積 |
| エッセンシャルオイル（マッサージ用，バス用） | 16340 | 体の面積＋頭部の面積 |
| 子供用フェイスペイント | 475-496 | 男性の頭部面積の1/2 |
| 大人用フェイスペイント | 580-650 | 子供（4,5歳）の頭部面積の1/3 |

表2　化粧品からの1日曝露量（SCCP[2)]図表改変）

| 製品タイプ | 適用される量 | 適用頻度 | 保持係数 | 1日の曝露量の計算値 |
|---|---|---|---|---|
| ヘアケア ||||||
| シャンプー | 10.46g | 1／日 | 0.01 | 0.11g |
| ヘアコンディショナー | 14g | 0.28／日 | 0.01 | 0.04g |
| ヘアスタイリングジェル，ヘアスタイリングムース | 5.0g | 2／日 | 0.1 | 1g |
| 酸化あるいは永久染毛剤 | 100mL | 1／月 | 0.1 | 未計算 |
| 半永久染毛剤 | 35mL | 1／週 | 0.1 | 未計算 |
| 入浴・シャワー |||||
| シャワージェル | 5g | 2／日 | 0.01 | 0.1g |
| スキンケア |||||
| フェイスクリーム | 1.54g | 2／日 | 1 | 1.54g |
| 多目的クリーム | 1.2g | 2／日 | 1 | 2.4g |
| ボディローション | 7.82g | 1／日 | 1 | 7.82g |
| メイクアップ&ネイルケア |||||
| 化粧落とし | 2.5g | 2／日 | 0.1 | 0.5g |
| アイメイクアップ | 0.01g | 2／日 | 1 | 0.02g |
| マスカラ | 0.025g | 1／日 | 1 | 0.025g |
| アイライナー | 0.05g | 1／日 | 1 | 0.005g |
| 口紅 | 0.057g | 4／日 | 1 | 0.057g |
| デオドラント |||||
| デオドラントスティック・ロールオンデオドラント | 1.51g | 1／日 | 1 | 1.51g |
| デオドラントスプレー | 6.54g | 1／日 | 1 | 6.54g |
| 口腔衛生 |||||
| 歯磨き粉 | 2.75g | 2／日 | 0.05 | 0.138g |
| マウスウォッシュ | 10g | 3／日 | 0.1 | 3g |

未計算：適用頻度が低いので1日の曝露量は計算されていない

## （2）化粧品成分の適用量のパーセンテージで報告される経皮吸収

　経皮吸収率（%）が意味をもつのは，使用条件が同等であり，これを超えない用量で実施された in vitro 試験から計算された場合に限られる．これにより，高い用量の試験では浸透の過小評価につながる可能性がある．

$$\text{SED} = A（g／日）\times 1000\text{mg/g} \times C（\%）/100 \times \text{DAp}（\%）/100／体重（kg）$$

SED（mg/kg／日）＝全身曝露用量
A（g／日）＝製剤の1日あたりの使用量
　　　製品種類別の1日曝露量は表2参照
C（%）＝製剤の適用部位における評価対象成分の濃度
DAp（%）＝実使用条件下で適用されると予想される用量のパーセンテージで表わした経皮吸収率
体重＝60kg と想定

適用頻度が表2に示される同種製品の回数と異なる場合，適宜SEDも修正される。

最後に，経皮吸収を考慮する場合，当該成分がいずれかのバイオアベイラビリティに影響を及ぼすかを知ることが重要である。他の化粧品成分の経皮吸収を促進する目的で，製剤に特別に追加される経皮吸収剤や賦形剤（リポソームなど）がたくさんある。このような処方では，明らかに特別な試験が行われている場合を除いて，特定の成分については生体内利用率を100%と想定しなければならない。利用できる経皮吸収データが存在しない場合は不適切な場合にもこの値を使用することになる。

## 2 Triple Pack アプローチ

OECD経皮吸収ガイダンスノートには[5]，動物とヒトの $in\ vitro$ 試験の利用によるヒトデータの予測がTriple Packアプローチで示されている。$in\ vivo$ 動物，$in\ vitro$ 動物，$in\ vitro$ ヒトの経皮吸収データを利用して，ヒト経皮吸収を評価するこの考え方は以前から示されていたが，Triple Packという名称で呼ばれるようになった。この理由として，ヒト皮膚より動物皮膚の透過性は高いので，$in\ vitro$ 経皮吸収の結果だけではリスク評価に利用できない。複数のデータを組み合わせてリスク評価を行うというものである。このPackの利用は3試験が同条件で実施されている場合に有効であり，もちろん，行政機関ごとに経皮吸収のデータの利用法は異なり，欧州で受け入られているが，米国をはじめとする北米ではこの受け入れは明らかにされていない。

$in\ vivo$ ヒト吸収＝（$in\ vivo$ ラット吸収）×（$in\ vitro$ ヒト吸収）／$in\ vitro$ ラット吸収

## まとめ

リスク評価において，経皮吸収のデータが欠損している場合，ワーストケースとして，経皮吸収は100%あるとして安全係数が算出される。結果がない場合，多くの規制当局は分子量500以上，logPowが－1未満か4より大きい場合，吸収率を10%と見積もっている。

実験結果がなくとも，Read-across（類推），モデリング／構造活性相関，吸収・分布・代謝・排泄の結果から評価できる。ただし，急性の経口および経皮毒性試験の結果は使われるべきではない。

●参考文献
1) 承認審査の際の添付資料：第3章 医薬部外品の製造販売承認，"化粧品・医薬部外品製造販売ガイドブック2008"，薬事日報社，東京（2008）pp.130-159
2) SCCP The sccp's notes of guidance for the testing of cosmetic ingredients and their safety evaluation 6th revision（2006）
3) Evaluation of Skin Absorption Potential, "CTFA Safety Evaluation Guideline", CTFA, pp.127-134（2007）
4) OECD Test Guideline No. 428: Skin Absorption: In Vitro Method, Paris（2004）
5) OECD Guidance Note on Dermal absorption. OECD Guideline for the Testing of Chemicals. Paris, France（2010）

# 索引

### 英語から始まる単語

**A** AOP ……………………………………… 25, 28
**B** BCOP ……………………………………… 31, 40
　　BRD ………………………………………… 14, 15
**E** ECHA ………………………………………… 26
　　ECVAM ……………………………………… 16
　　EPA …………………………………………… 25
　　ESAC ………………………………………… 16
　　EURL ECVAM ……………………………… 87
**G** GHS …………………………………………… 37
　　GLP …………………………………… 5, 12, 84
　　Good Laboratory Practice ………………… 5
**H** Humane Endpoint ………………………… 41
**I** IATA …………………………………… 25, 28
　　ICATM ……………………………………… 19
　　ICCR ………………………………………… 9, 19
　　ICCVAM ………………………………… 12, 15, 17
　　ICH …………………………………………… 9, 100
　　in vitro 3T3 NRU 光毒性試験 …………… 62
　　IPCS ………………………………………… 28
　　ISO …………………………………………… 20
　　ITS …………………………………………… 25, 26
**J** JaCVAM ……………………… 17, 18, 19, 30, 62, 87
**L** LLNA：BrdU-ELISA ……………………… 31
　　LLNA：DA ………………………………… 31
　　LLNA ………………………… 67, 70, 72, 76, 80
**M** MSDS ………………………………………… 82
**N** NEDO ………………………………………… 22
　　NOAEL ……………………………………… 134

**O** OECD ……………… 6, 8, 10, 20, 22, 25, 26, 33, 38, 48, 56, 68, 116, 122
　　OECD GD34 ………………………………… 12, 15
　　OTC …………………………………………… 5
**P** PCPC ………………………………………… 134
**Q** QSAR ………………………………………… 21, 23
**R** REACH ……………………………………… 26, 39
　　ROS アッセイ ……………………………… 62
**S** SAR …………………………………………… 21
　　SCCP ………………………………… 8, 129, 134
　　SED ………………………………………… 134, 135
**T** TG No.435 …………………………………… 38, 41
　　Triple Pack アプローチ …………………… 138
**W** WHO ………………………………………… 28
　　WoE ………………………………………… 27, 102

### 数字から始まる単語

3Rs ……………… 8, 10, 16, 43, 56, 65, 76, 80, 83

### 日本語から始まる単語

**ア** アジュバント ………………… 72, 74, 77, 79
**イ** 遺伝子突然変異試験 ……………………… 109
　　遺伝毒性 …………………………………… 99
　　遺伝毒性試験 ……………………………… 101
　　医薬部外品の申請区分 …………………… 5
**エ** エイムス試験 ……………………… 104, 106, 107
**カ** 化学物質安全性データシート ………… 82
　　拡散セル …………………………………… 131

| | | | |
|---|---|---|---|
| | カテゴリーアプローチ……………………………22 | ハ | 培養表皮モデル……………………………49, 64 |
| | がん原性……………………………………………8 | | パッチテスト判定基準……………………………53 |
| | 感作性皮膚炎……………………………………44 | | バリデーション報告書プロトコル………………14 |
| キ | 局所リンパ節試験…………………………67, 72 | | 半数致死量…………………………………85, 95 |
| ケ | 経皮吸収……………………………………………7 | | 反復投与毒性……………………………91, 95, 96 |
| | 経皮吸収試験……………………………………127 | ヒ | 光感作性…………………………………………77 |
| | 化粧品規制協力国際会議…………………………9 | | 光毒性………………………………………6, 61 |
| コ | 構造活性相関……………………………………21 | | 光毒性試験………………………………………61 |
| サ | 再現性……………………………………………106 | | 皮膚一次刺激性試験……………………………45 |
| | 細胞毒性試験………………………………87, 88 | | 皮膚感作性…………………………………59, 67 |
| シ | 刺激性皮膚炎……………………………………44 | | 皮膚感作性試験代替法…………………………31 |
| | 小核試験…………………………………110, 116 | | 皮膚刺激性……………………………6, 50, 56 |
| | 新医薬部外品………………………………………5 | | 評価スキーム……………………………………48 |
| | 人道的エンドポイント……………………………41 | フ | 腐食性試験…………………………………39, 49 |
| セ | 生殖発生毒性試験………………………121, 125 | | 復帰突然変異試験………………………………104 |
| | 生殖発生毒性スクリーニング試験……………123 | | プラスチック製医薬品容器………………………87 |
| | 世界調和システム………………………………37 | | フルオレセイン染色………………………………36 |
| | 染色体異常試験………………………109, 112, 113 | | フルオレセイン漏出試験法………………………38 |
| タ | 第三者評価………………………………………14 | | フロイント・コンプリート・アジュバント……77 |
| | 単回経口投与毒性試験…………8, 84, 85, 87 | | プロトコル………………………………………13 |
| | 単回経皮投与毒性試験…………………………95 | ヘ | 変異原性…………………………………………99 |
| | 単回投与毒性…………………………………8, 82 | ホ | ポジティブリスト………………8, 94, 98, 116 |
| テ | 定量的構造活性相関……………………………21 | マ | マウスリンフォーマ TK 試験……………………109 |
| | テープストリッピング……………………………79 | メ | 眼刺激性試験…………………………………8, 34 |
| | 摘出眼球試験……………………………………38 | | 眼刺激性試験代替法………………………38, 40 |
| ト | 透過性試験法………………………………31, 38 | | 眼刺激性評価……………………………………27 |
| | 動物実験代替法………………………………8, 9 | ヤ | 薬用化粧品…………………………………………5 |
| | トキシコキネティックス…………………………8 | ヨ | 予測モデル………………………………………13 |
| ニ | 日米EU医薬品規制調和国際会議………………9 | レ | レセプター液……………………………………131 |
| ネ | 粘膜刺激性…………………………………………7 | | 連続皮膚刺激性試験……………………………57 |

著者略歴

**小島　肇**（ペンネーム：小島 肇夫）
所属・役職：国立医薬品食品衛生研究所安全性生物試験研究センター薬理
　　　　　　部新規試験法評価室室長
　　　　　　藤田保健衛生大学医学部客員講師
　　　　　　東京農業大学客員教授，東京工科大学非常勤講師
略　　歴：昭和58年　　岐阜大学・農学部農芸化学科卒業
　　　　　同年　　　　日本メナード化粧品株式会社入社
　　　　　昭和59～61年　国立遺伝学研究所・形質遺伝部留学
　　　　　平成 8 年　　長崎大学薬学部にて博士号取得
　　　　　平成17年　　国立医薬品食品衛生研究所入所
専　　門：毒性学，変異原性，局所毒性，組織培養

---

化粧品・医薬部外品
# 安全性評価試験法—動物実験代替法のすべてがわかる—

定価　本体8,000円（税別）

---

平成26年7月10日　発　行

著　者　　小島 肇夫（こじま はじめ）

発行人　　武田 正一郎

発行所　　株式会社 じほう

　　　　　101-8421　東京都千代田区猿楽町1-5-15（猿楽町SSビル）
　　　　　電話　編集　03-3233-6361　販売　03-3233-6333
　　　　　振替　00190-0-900481
　　　　　＜大阪支局＞
　　　　　541-0044　大阪市中央区伏見町2-1-1（三井住友銀行高麗橋ビル）
　　　　　電話　06-6231-7061

©2014　　　　組版　(有)アロンデザイン　　印刷　(株)日本制作センター
Printed in Japan

本書の複写にかかる複製，上映，譲渡，公衆送信（送信可能化を含む）の各権利は
株式会社じほうが管理の委託を受けています。

**JCOPY** ＜(社)出版者著作権管理機構 委託出版物＞
本書の無断複写は著作権法上での例外を除き禁じられています。
複写される場合は，そのつど事前に，(社)出版者著作権管理機構（電話 03-3513-6969，
FAX 03-3513-6979，e-mail：info@jcopy.or.jp）の許諾を得てください。

万一落丁，乱丁の場合は，お取替えいたします。
ISBN 978-4-8407-4619-9